Adobe InDesign CC
版式设计与制作
案例技能实训教程

代琴　主编

清华大学出版社

北　京

内 容 简 介

本书以实操案例为单元，以知识详解为线索，从InDesign最基本的应用讲起，全面细致地对平面作品的创作方法和设计技巧进行了介绍。全书共10章，实操案例包括制作企业名片、制作创意标志、制作期刊内页、制作宣传页、制作报纸版面、制作挂历、制作三折页、制作宣传册、制作画册内页、制作酒店菜单等；理论知识涉及InDesign基础操作、绘图工具的应用、文本内容的编排、框架的应用、图文混排、表格的应用、样式的应用、版面的管理、对象库、超链接，以及文件的打印输出等；每章最后还安排了针对性的项目练习，以供读者练习。

全书结构合理，用语通俗，图文并茂，易教易学，既适合作为高职高专院校和应用型本科院校计算机、多媒体及平面设计相关专业的教材，又适合作为广大排版设计爱好者和各类技术人员的参考用书。

图书在版编目（CIP）数据

Adobe InDesign CC版式设计与制作案例技能实训教程 / 代琴主编. —北京：清华大学出版社，2021.11（2025.2重印）

ISBN 978-7-302-59302-7

Ⅰ.①A… Ⅱ.①代… Ⅲ.①电子排版 – 应用软件 – 教材 Ⅳ.①TS803.23

中国版本图书馆CIP数据核字（2021）第200880号

责任编辑：李玉茹
封面设计：李　坤
责任校对：鲁海涛
责任印制：丛怀宇
出版发行：清华大学出版社
　　　　　网　　　址：https://www.tup.com.cn，https://www.wqxuetang.com
　　　　　地　　　址：北京清华大学学研大厦A座　　　　邮　　　编：100084
　　　　　社 总 机：010-83470000　　　　　　　　　邮　　　购：010-62786544
　　　　　投稿与读者服务：010-62776969，c-service@tup.tsinghua.edu.cn
　　　　　质 量 反 馈：010-62772015，zhiliang@tup.tsinghua.edu.cn
印 装 者：小森印刷（北京）有限公司
经　　销：全国新华书店
开　　本：170mm × 240mm　　　　印　　张：15.5　　　字　　数：295千字
版　　次：2022年1月第1版　　　　印　　次：2025年2月第4次印刷
定　　价：79.00元

产品编号：090130-01

前　言

众所周知，InDesign属于Adobe家族中的一员，是一款定位于专业排版领域的设计软件，其界面简洁、功能强大、易于上手，因此受到了广大排版设计人员的青睐。为了满足新形势下的教育需求，我们组织了一批富有经验的设计师和高校教师，共同策划编写了本书，以便让读者能够更好地掌握作品的设计技能，更好地提升动手能力，更好地与社会相关行业接轨。

本书内容

本书以实操案例为单元，以知识详解为线索，先后对各类型平面作品的设计方法、操作技巧、理论支撑、知识阐述等内容进行了介绍。全书分为10章，其主要内容如下。

章　节	作品名称	知识体系
第1章	设计与制作名片版式	主要讲解了页面设置、色板的应用、渐变的设置、颜色基本理论、印刷色与专色等
第2章	设计与制作创意标志	主要讲解了图形的绘制与编辑操作，以及变换对象操作等
第3章	设计与排版杂志内页	主要讲解了文本的创建与编辑、特殊字符的输入、项目符号与编号的使用、脚注的应用、文本的绕排等
第4章	设计与制作宠物店宣传页	主要讲解了什么是框架、编辑框架、图层的创建与编辑、效果的设置等
第5章	设计与制作文化创意快报	主要讲解了定位对象、串接文本、文本框架、框架网格等
第6章	设计与制作新年月历	主要讲解了表格的创建、编辑、应用等操作
第7章	设计与制作防疫宣传三折页	主要讲解了字符样式、段落样式、表样式、创建和应用对象样式等
第8章	设计与制作企业宣传册	主要讲解了页面和跨页、版面的设置、编排页码、处理长文档等
第9章	设计与制作画册内页	主要讲解了对象库的创建与应用、超链接的创建与管理等
第10章	设计与制作餐厅菜单	主要讲解了打印设置操作、PDF文档的创建等

阅读指导

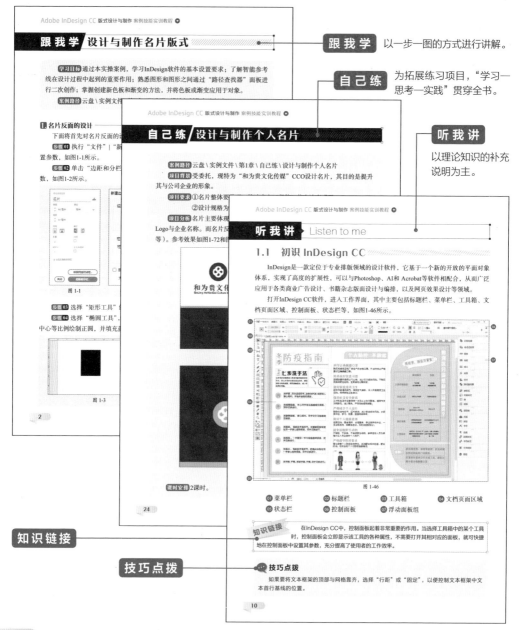

跟我学 以一步一图的方式进行讲解。

自己练 为拓展练习项目，"学习—思考—实践"贯穿全书。

听我讲 以理论知识的补充说明为主。

知识链接

技巧点拨

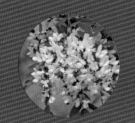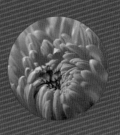

课时安排

　　本书结构合理、讲解细致、特色鲜明，内容着眼于专业性和实用性，符合读者的认知规律，同时更侧重于综合职业能力与职业素养的培养，集"教、学、练"为一体。本书的参考学时为64课时，其中理论学习24学时，实训40学时。

配套资源

- 所有"跟我学"案例的素材及最终文件。
- 书中拓展练习"自己练"案例的素材及效果文件。
- 案例操作视频，扫描书中二维码即可观看。
- 平面设计软件常用快捷键速查表。
- 常见配色知识电子手册。
- 全书各章PPT课件。

　　本书由代琴主编，作者在长期的工作中积累了大量的经验，在写作的过程中始终坚持严谨、细致的态度，力求精益求精。由于时间有限，书中疏漏之处在所难免，希望读者朋友批评、指正。

编　者

扫描二维码

获取配套资源

目 录

第 **1** 章

制作企业名片
——InDesign 基础知识详解

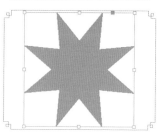

第 **2** 章

制作创意标志
——绘图工具应用详解

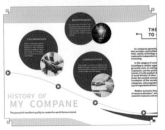

第3章

制作期刊内页
——文本编排详解

第 **4** 章

制作宣传页
——框架应用详解

第 **5** 章

制作报纸版面
——图文混排详解

▶▶▶ 跟我学

设计与制作文化创意快报 ·········· 100

▶▶▶ 听我讲

▶▶▶ 自己练

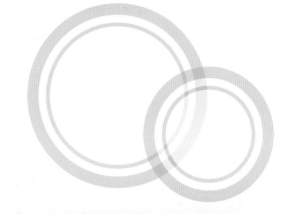

第**6**章

制作挂历
——表格应用详解

第 **7** 章

制作三折页
——样式应用详解

第 **8** 章

制作宣传册
——版面管理详解

第 **9** 章

制作画册内页
——对象库与超链接详解

第 **10** 章

制作酒店菜单
——文件输出详解

InDesign

第 1 章

制作企业名片
——InDesign基础知识详解

本章概述

　　本章将对InDesign的基础知识进行讲解，包括InDesign工作界面、页面设置以及色板的应用。除了基础理论，还介绍了颜色和印刷的相关知识。通过对这些内容的学习，可以对InDesign有一个大体的了解，为以后的版式设计操作打下坚实的基础。

要点难点

- 页面设置 ★☆☆
- 色板使用 ★★☆
- 渐变色板 ★★★

跟我学 设计与制作名片版式

学习目标 通过本实操案例，学习InDesign软件的基本设置要求；了解智能参考线在设计过程中起到的重要作用；熟悉图形和图形之间通过"路径查找器"面板进行二次创作；掌握创建新色板和渐变的方法，并将色板或渐变应用于对象。

案例路径 云盘 \ 实例文件 \ 第1章 \ 跟我学 \ 设计与制作名片版式

1. 名片反面的设计

下面将首先对名片反面的设计过程进行介绍。

步骤01 执行"文件"|"新建"|"文档"命令，在弹出的"新建文档"对话框中设置参数，如图1-1所示。

步骤02 单击"边距和分栏"按钮，在弹出的"新建边距和分栏"对话框中设置参数，如图1-2所示。

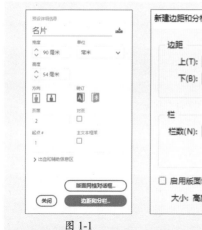
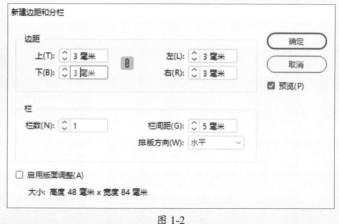

图 1-1　　　　　　　　　　　　　　　　　　图 1-2

步骤03 选择"矩形工具"绘制矩形，填充黑色，描边为无，如图1-3所示。

步骤04 选择"椭圆工具"，将鼠标指针放置在矩形右下角，按住Shift+Alt组合键从中心等比例绘制正圆，并填充蓝色，描边为无，如图1-4所示。

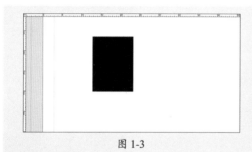
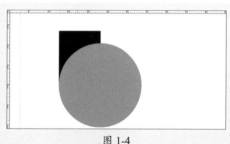

图 1-3　　　　　　　　　　　　　　　　　　图 1-4

步骤 05 选择"直接选择工具",单击正圆锚点,如图1-5所示。

步骤 06 按Delete键删除锚点,生成半圆,如图1-6所示。

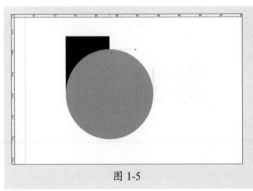

图 1-5

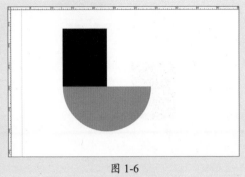

图 1-6

步骤 07 选择矩形,按住Alt键将其复制并移动到合适位置,按住Shift键加选半圆,如图1-7所示。

步骤 08 执行"窗口"|"对象和版面"|"路径查找器"命令,弹出"路径查找器"面板,单击"减去后方对象"按钮▣,如图1-8所示。

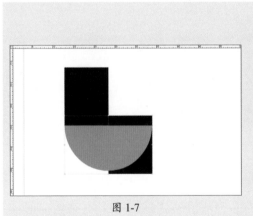

图 1-7

图 1-8

步骤 09 生成四分之一圆,如图1-9所示。

步骤 10 按住Alt键复制并移动四分之一圆到合适位置,如图1-10所示。

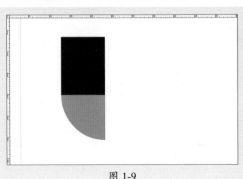

图 1-9

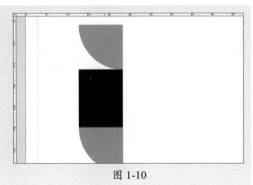

图 1-10

步骤 11 右击鼠标，在弹出的菜单中选择"变换"|"垂直翻转"命令，效果如图1-11所示。

步骤 12 框选矩形和四分之一圆，按住Alt键将其复制并移动到合适位置，如图1-12所示。

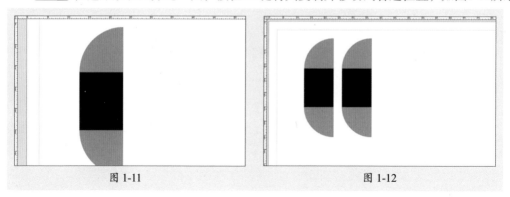

图 1-11   图 1-12

步骤 13 选择最上方的四分之一圆，右击鼠标，在弹出的菜单中选择"变换"|"水平翻转"命令，如图1-13所示。

步骤 14 框选矩形和四分之一圆，在"路径查找器"面板中单击"相加"按钮🔳，如图1-14所示。

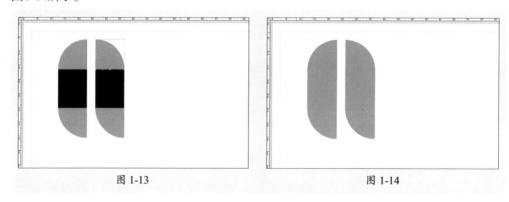

图 1-13   图 1-14

步骤 15 选择第一个图形，在工具箱中双击"渐变色板工具"，打开"渐变"面板，如图1-15所示。

步骤 16 单击右侧黑色控制点🔖，执行"窗口"|"颜色"|"颜色"命令，在弹出的"颜色"面板中设置参数；单击左侧白色控制点🔖，在"颜色"面板中设置参数，如图1-16、图1-17所示。

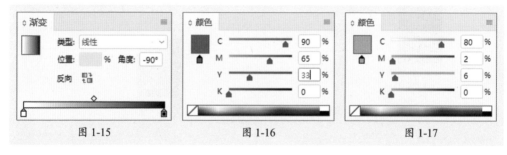

图 1-15   图 1-16   图 1-17

步骤 17 效果如图1-18所示。

步骤 18 使用相同的方法设置第二个图形的渐变颜色，如图1-19所示。

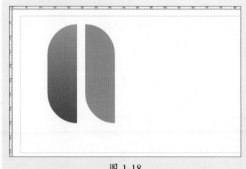

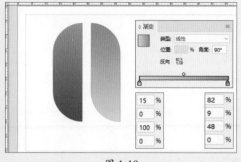

| 图 1-18 | 图 1-19 |

步骤 19 按住Alt键复制并移动最左边图形，在"控制"面板中单击"水平翻转"按钮 ◁▷，如图1-20所示。

步骤 20 使用相同的方法设置图形的渐变颜色，如图1-21所示。

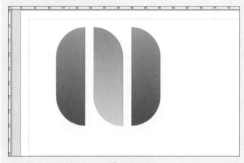

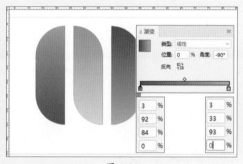

| 图 1-20 | 图 1-21 |

步骤 21 框选三个图形，按Ctrl+G组合键创建编组，按住Shift+Alt组合键从中心等比例缩放图形，如图1-22所示。

步骤 22 选择"文字工具"，拖动绘制文本框并输入文字，在控制面板中设置参数，如图1-23所示。

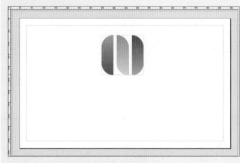

| 图 1-22 | 图 1-23 |

步骤 23 选择"文字工具",选中文本"NET",更改字体颜色,如图1-24所示。

步骤 24 选择"文字工具",拖动绘制文本框并输入文字,在控制面板中设置参数,如图1-25所示。

图 1-24   图 1-25

步骤 25 选择"矩形工具",绘制矩形并填充颜色,如图1-26所示。

步骤 26 选择"直接选择工具",单击矩形右上角锚点,按住←键进行调整,如图1-27所示。

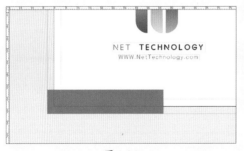

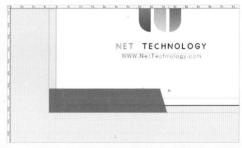

图 1-26   图 1-27

步骤 27 选择"矩形工具",绘制矩形;选择"吸管工具",吸取左侧多边形的颜色进行填充,如图1-28所示。

步骤 28 选择"直接选择工具",单击矩形左下角锚点,按住→键进行调整,如图1-29所示。

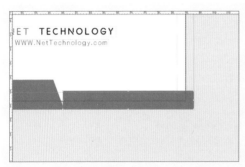

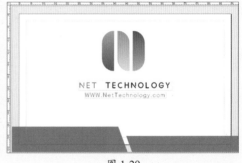

图 1-28   图 1-29

2. 名片正面的设计

下面将对名片正面的设计过程进行介绍。

步骤 01 框选反面所有的图形，按Ctrl+C组合键复制，执行“窗口”|“页面”命令，在弹出的面板中双击页面“2”，如图1-30所示。

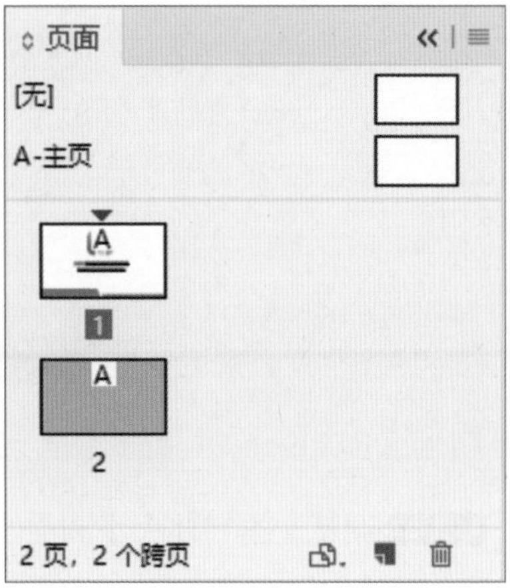

图 1-30

步骤 02 按Ctrl+V组合键粘贴图形，如图1-31所示。

步骤 03 框选两个多边形，在控制面板中单击“水平翻转”按钮，如图1-32所示。

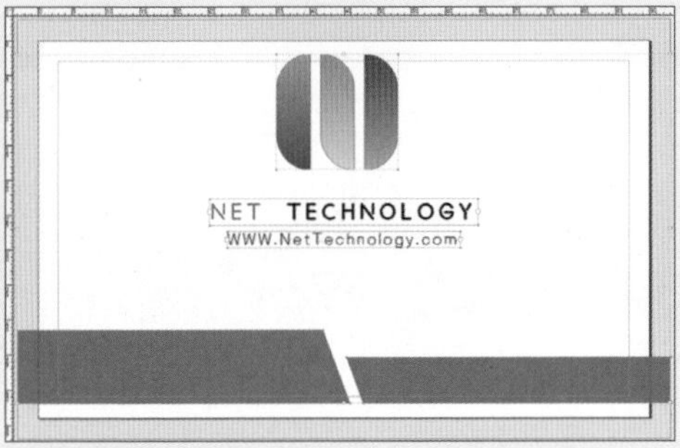

图 1-31

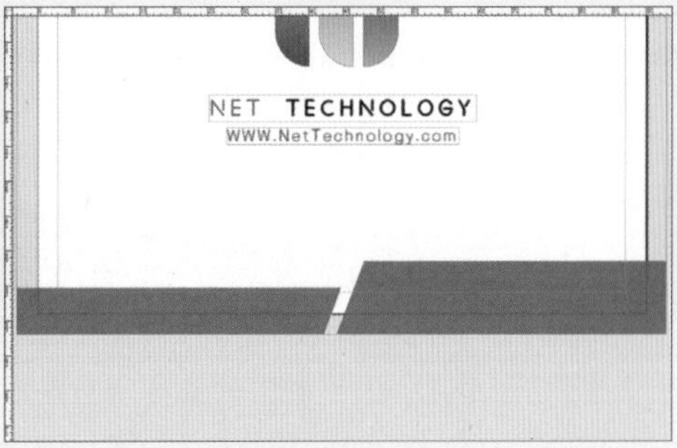

图 1-32

步骤 04 选中Logo，按住Shift+Alt组合键从中心进行等比例缩小，并将Logo移至左上角，如图1-33所示。

步骤 05 调整文本字体大小和文本框，移至左上角，如图1-34所示。

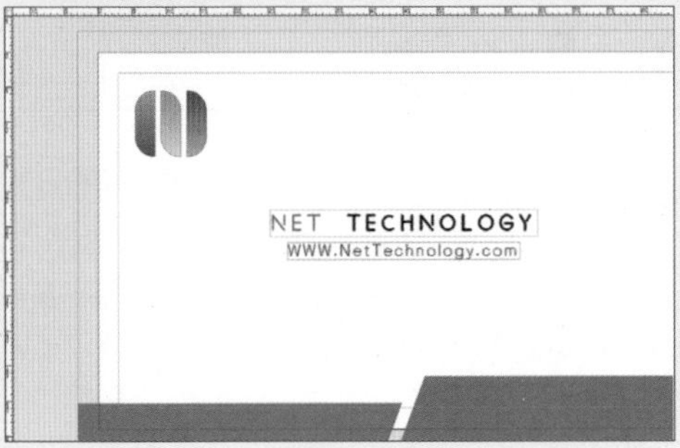

图 1-33

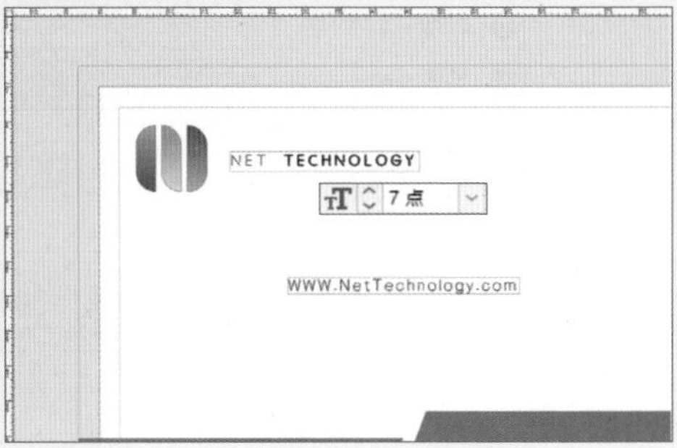

图 1-34

步骤06 执行"文件"|"置入"命令，在弹出的对话框中选择置入的图像，调整大小并放至合适位置，如图1-35所示。

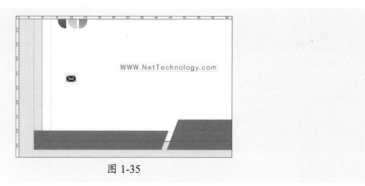

图 1-35

步骤07 调整文本字体大小和文本框，按住Alt键移动、复制并更改文字，如图1-36所示。

步骤08 框选图形和文字，按住Shift+Alt组合键进行水平移动复制，按住Shift+Alt组合键进行垂直移动复制，按住Shift+Ctrl+Alt组合键进行连续复制，效果如图1-37所示。

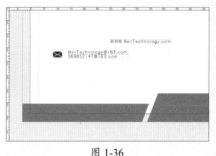

图 1-36 　　　　　　　　　　　图 1-37

步骤09 在"链接"面板上单击选中图像，执行"窗口"|"链接"命令，单击"重新链接"按钮，将"邮箱"重新链接为"电话"，如图1-38、图1-39所示。

图 1-38 　　　　　　　　　　　图 1-39

步骤10 更改文字，如图1-40所示。

步骤11 使用相同的方法更改其他内容，如图1-41所示。

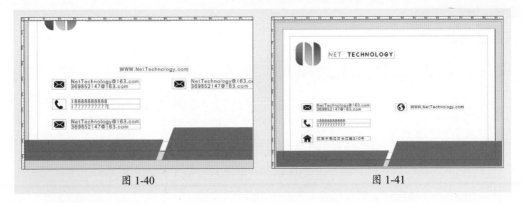

图 1-40   图 1-41

步骤 **12** 选择"直线工具",按住Shift键绘制水平直线,在控制面板中设置参数,如图1-42所示。

步骤 **13** 选择"文字工具",拖动绘制文本框并输入文字,在控制面板中设置参数,如图1-43所示。

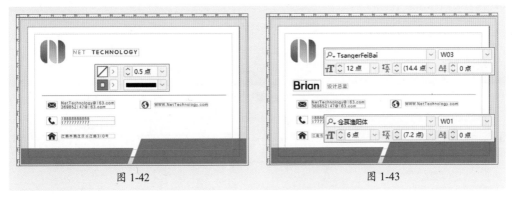

图 1-42   图 1-43

步骤 **14** 选择"直线工具"绘制直线,在控制面板中设置参数,如图1-44所示。

步骤 **15** 执行"文件"|"置入"命令,在弹出的对话框中选择置入的图像,调整大小并放至合适位置,如图1-45所示。

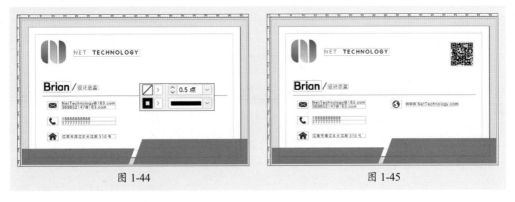

图 1-44   图 1-45

至此,完成名片版式的设计。

听我讲 › Listen to me

1.1 初识 InDesign CC

InDesign是一款定位于专业排版领域的设计软件，它基于一个新的开放的平面对象体系，实现了高度的扩展性，可以与Photoshop、AI和 Acrobat等软件相配合，从而广泛应用于各类商业广告设计、书籍杂志版面设计与编排，以及网页效果设计等领域。

打开InDesign CC软件，进入工作界面，其中主要包括标题栏、菜单栏、工具箱、文档页面区域、控制面板、状态栏等，如图1-46所示。

图 1-46

① 菜单栏　　　② 标题栏　　　③ 工具箱　　　④ 文档页面区域
⑤ 状态栏　　　⑥ 控制面板　　　⑦ 浮动面板组

知识链接　　在InDesign CC中，控制面板起着非常重要的作用。当选择工具箱中的某个工具时，控制面板会立即显示该工具的各种属性，不需要打开其相对应的面板，就可快捷地在控制面板中设置其参数，充分提高了使用者的工作效率。

在InDesign中，工具箱包括4组近30种工具，大致可分为绘画、文字、选择、变形、导航工具等，使用这些工具，用户可以更方便地对页面对象进行图形与文字的创建、选择、变形、导航等操作。工具按钮的名称及其功能说明如图1-47所示。

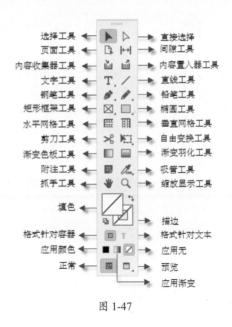

图 1-47

1.2 页面设计

在报纸、书籍、杂志等文档的设计过程中，页面设计是第一步，合理的布局能帮助打造出富有艺术与视觉效果的作品。

1.2.1 页面设计元素

在排版一个文档时，不仅要考虑页面尺寸的大小，还需设置好上、下、左、右边界，以确定版心、版口、天头、地脚、裁口等。同时，也要考虑是否进行分栏设置，如图1-48所示。

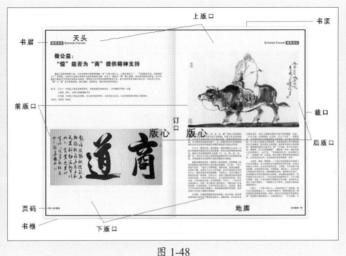

图 1-48

- **版心：** 版心是位于版面中央、排有文字图表的部分。版心的组成成分包括文字、图表、空间和线条等。
- **版口：** 版口是指版心页面的边沿。版心中第一行字的字身上线为上版口，最下一行字的字身下线为下版口，版心最左第一个字的字身左线为前版口，最右一个字的字身右线为后版口。
- **页码：** 书刊正文每一面都排有页码，一般页码排于书籍切口一侧。印刷行业中将一个页码称为一面，正反面两个页码称为一页。
- **书眉：** 排在版心上部的文字及符号统称为书眉，它包括页码、文字和书眉线，一般用于检索篇章。
- **天头/地脚：** 天头是指每面书页的上端空白处；地脚是指每面书页的下端空白处。

1.2.2　创建新文档

要想进行版面设计，首先要创建一个新的文档，下面将对相关的操作进行介绍。

1. 新建文档

执行"文件"|"新建"命令或按Ctrl+N组合键，弹出"新建文档"对话框，如图1-49所示。

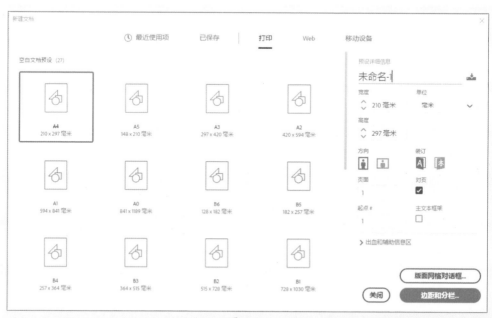

图 1-49

该对话框中主要选项的功能介绍如下。

- **空白文档预设**：是指具有预定义尺寸和设置的空白文档，可分为"打印""Web"以及"移动设备"三个选项。
- **宽度/高度**：设置文档的大小。
- **单位**：设置文档的度量单位。
- **方向**：设置文档的页面方向——纵向或横向 。
- **装订**：设置文档的装订方向——从左到右或从右到左 。
- **页面**：设置要在文档中创建的页数。
- **对页**：选中此复选框，可在双页跨页中让左右页面彼此相对。
- **起点**：设置文档的起始页码。
- **主文本框架**：选中此复选框，可在主页上添加主文本框架。
- **出血和辅助信息区**：设置文档每一侧的出血尺寸和辅助信息区。

知识链接　　若选中"对页"复选框，将产生双页面的跨页的左右页面，否则产生独立的页面；若选中"主文本框架"复选框，将创建一个与边距参考线内的区域大小相同的文本框架，并与所指定的栏设置相匹配，该主文本框架将被添加到主页中。

2 设置边距与分栏

设置完文档参数后，单击"边距和分栏"按钮，弹出"新建边距和分栏"对话框，如图1-50所示。

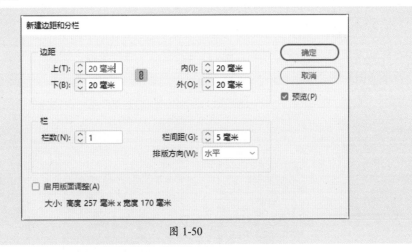

图 1-50

该对话框中主要选项的功能介绍如下。

- **边距**：设置版心到页边的距离。
- **栏数**：设置要在文档中添加的栏数。
- **栏间距**：设置栏之间的空白量。
- **排版方向**：设置文档的排版方向——水平或垂直。

1.2.3 使用参考线

参考线可以快速定位图像中某个特定区域或某个元素的位置。创建标尺后，将光标放置在水平或垂直标尺上进行向下或向左拖动，即可创建参考线。按住Ctrl键拖动可以创建跨越页面的跨页参考线，如图1-51所示。参考线可随图层显示或隐藏。

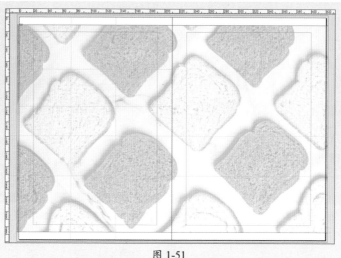

图 1-51

知识链接　　要移动参考线位置，将其选中并拖动即可。按住Shift键，可以同时选中多条参考线。若要移动跨页的参考线，则按住Ctrl键，否则便自动默认为移动页面参考线。

智能参考线是一种会在绘制、移动、变换的情况下自动显示的参考线，可以帮助我们在移动对象时对齐特定对象。执行"视图"|"网格和参考线"|"智能参考线"命令，效果如图1-52所示。

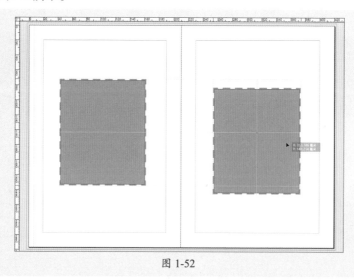

图 1-52

1.3　颜色的应用

应用颜色时，可以指定将颜色应用于对象的描边和填色。描边适用于对象的边框或框架，填色适用于对象的背景。

1.3.1　标准颜色控制组件

使用工具箱中的标准颜色控制组件，可以轻松设置所选图形的填充与描边颜色，如图1-53所示。

图 1-53

该组件中各图标的功能介绍如下。

- **填色** ■：选中图形，双击此按钮，在弹出的"拾色器"对话框中设置颜色。
- **描边** ▢：选中图形，双击此按钮，在弹出的"拾色器"对话框中设置颜色。
- **互换填色和描边** ↰：单击此按钮，可以在填色和描边之间互换颜色。
- **默认填色和描边** ▨：单击此按钮或按D键，可恢复默认颜色（白色填色，黑色描边）。
- **格式针对容器** ▫：单击此按钮，确定颜色应用的格式为图形和框架。
- **格式针对文本** T：单击此按钮，确定颜色应用的格式为文本。
- **应用颜色** ■：单击此按钮，应用上次选择的颜色。
- **应用渐变** ▨：单击此按钮，应用上次选择的渐变色。
- **应用无** ▨：单击此按钮，可以删除选定对象的填色或描边，使其为无色。

1.3.2　创建与编辑色板

色板可以包括专色或印刷色、混合油墨、RGB或Lab颜色、渐变以及色调。"色板"面板主要用来存放颜色，包括颜色、渐变和图案等。执行"窗口"|"颜色"|"色板"命令，弹出"色板"面板，如图1-54所示。

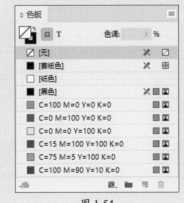

图 1-54

该面板中主要选项的功能介绍如下。

- **色调：**"色板"面板中显示在色板旁边的百分比值，用于指示专色或印刷色的色调。
- **套版色：**使对象可在PostScript打印机的每个分色中进行打印的内建色板。
- **纸色：**一种内建色板，用于模拟印刷纸张的颜色。双击"纸色"对其进行编辑，使其与纸张类型相匹配。纸色仅用于预览，不会在复合打印机上打印，也不会通过分色用来印刷。
- **黑色：**一种内建色板，使用CMYK颜色模型定义的100%印刷黑色。

在"色板"面板中，右侧带有✖标记的色块，表示不可编辑。

在"色板"面板中可根据需要新建印刷色、专色、色调、渐变色板。以新建颜色色板为例，单击面板右上方的菜单按钮 ≡，在弹出的菜单中选择"新建颜色色板"命令，打开"新建颜色色板"对话框，如图1-55、图1-56所示。

图 1-55

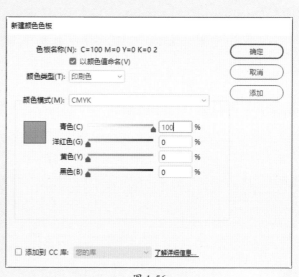

图 1-56

知识链接 除了可以在"色板"面板中新建色板外，还可以在"拾色器"对话框中创建 CMYK、RGB和Lab色板，如图1-57所示。

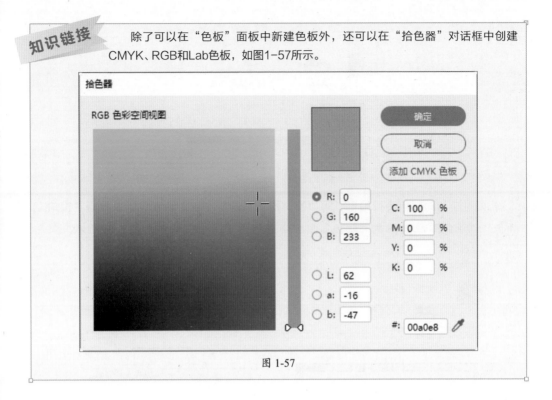

图 1-57

1.3.3 载入和存储色板

利用"载入色板"命令可以载入其他文档中的色板。添加色板后，可以将色板进行存储，方便下次使用。

（1）载入色板

若要载入其他文档中的色板，可以在"色板"面板菜单中选择"载入色板"命令，从"打开文件"对话框中选择要载入的文件，然后单击"打开"按钮。

（2）存储色板

若要将色板进行存储，可以在"色板"面板菜单中选择"存储色板"命令，在弹出的"另存为"对话框中指定存储的名称及路径后，单击"保存"按钮将色板保存。下次使用时，可以通过选择"载入色板"命令将其载入。

1.3.4 设置渐变

"渐变"面板用于设置或调整渐变色，包括渐变类型、角度、渐变起始和结束颜色等。要设置渐变色，在"类型"下拉列表框中选取渐变类型，如线性或径向。在工具箱中双击"渐变色板工具"▣，或者执行"窗口"|"颜色"|"渐变"命令，弹出"渐变"面板，如图1-58所示。

图 1-58

若要对渐变的颜色进行编辑，可以在"渐变"面板中单击渐变色标，执行"窗口"|"颜色"|"颜色"命令，在"颜色"面板中进行设置，如图1-59、图1-60所示。

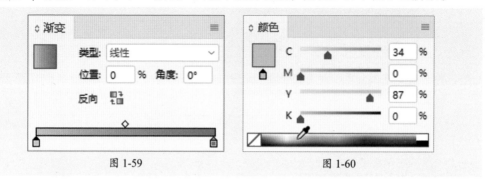

图 1-59   图 1-60

默认的渐变为双色渐变，在渐变颜色带上单击即可添加新的渐变色标，如图1-61所示。若要删除色标，按住色标向下拖动即可。单击"反向"按钮，可以将渐变的方向对调，如图1-62所示。

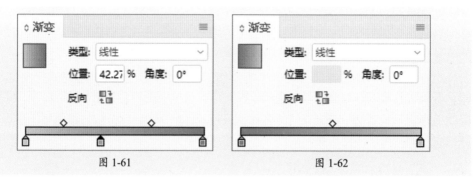

图 1-61   图 1-62

1.3.5 创建描边

描边颜色是针对路径定义的颜色，可将描边或线条设置应用于路径、形状、文本框架和文本轮廓。通过"描边"面板可以设置描边的外观和粗细，包括线段之间的连接方式、起点与终点形状以及角点的选项。

执行"窗口"|"描边"命令，弹出"描边"面板，如图1-63所示。

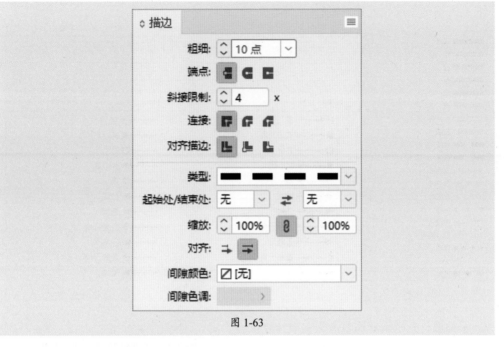

图 1-63

该面板中主要选项的功能介绍如下。

● **粗细：**设置描边的粗细。

● **"端点"选项组：**选择一个端点样式以设置开放路径两端的外观。此选项使描边粗细沿路径周围的所有方向均匀扩展。

> ➤ **平头端点** ：创建邻接（终止于）端点的方形端点。

> ➤ **原头端点** ：创建在端点之外扩展半个描边宽度的半圆端点。

> ➤ **投射末端** ：创建在端点之外扩展半个描边宽度的方形端点。

知识链接　　　路径开放状态下显示端点，封闭路径的端点将不显示。端点样式在描边较粗的情况下更易于查看。

● **斜接限制：**设置在斜角连接成为斜面连接之前，相对于描边宽度对拐点长度的限制。

● **"连接"选项组：**设置角点处描边的外观。

> ➤ **斜接连接** ：创建当斜接的长度位于斜接限制范围内时扩展至端点之外的尖角。

> ➤ **圆角连接** ：创建在端点之外扩展半个描边宽度的圆角。

> ➤ **斜面连接** ：创建与端点邻接的方角。

● **对齐描边：**单击某个图标以指定描边相对于它的路径的位置。

● **类型：**在列表框中选择一个描边类型，如图1-64所示。

- **起始处/结束处：** 设置路径的起点和终点，如图1-65、图1-66所示。单击 ⇄ 图标可互换箭头起始处和结束处。

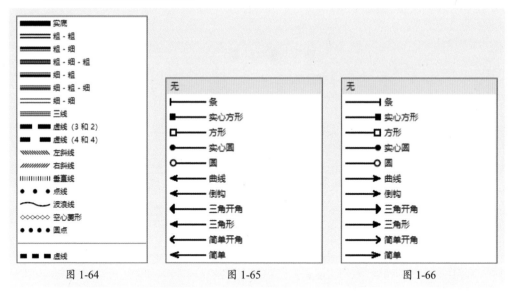

图 1-64　　　　　　　　　　　　图 1-65　　　　　　　　　　　　图 1-66

- **缩放：** 分别重新调整箭头尖端和终点。
- **对齐：** 调整路径以对齐箭头尖端或终点。"将箭头提示扩展到路径终点外"按钮 ↦ 用于扩展箭头笔尖超过路径末端；"将箭头提示置于到路径终点处" ⇥ 按钮用于在路径末端放置箭头笔尖。
- **间隙颜色：** 设置要在应用图案的描边中的虚线、点线或多条线条之间的间隙中显示的颜色。
- **间隙色调：** 设置一个色调（当设置间隙颜色后）。

1.4　颜色的基本理论

　　尽管颜色有很多种，但纵观所有颜色，都具有三个共同点，即一定的色彩相貌、明亮程度和浓淡程度，可分别称为色相、明度和饱和度。在调配颜色时，通过改变这三个要素，可以调配出千万种颜色。

1.4.1　色彩的混合

　　颜色可以互相混合，两种或两种以上的颜色经过混合便可以产生新的颜色，这在日常生活中几乎随处可见。无论是绘画、印染，还是彩色印刷，都以颜色的混合作为最基本的工作方法。

1. 加色混合

两种或两种以上的色光相混合时，会同时或在极短的时间内连续刺激人的视觉器官，使人产生一种新的色彩感觉，这种色光混合称为加色混合。

色光加色法的三原色光等量相加混合效果如下：

- 红光+绿光=黄光
- 红光+蓝光=品红光
- 绿光+蓝光=青光
- 红光+绿光+蓝光=白光

2. 减色混合

当白光照射到色料上时，色料从白光中吸收一种或几种单色光，从而呈现另一种颜色的方法称为色料减色法，简称减色法。对于三原色色料的减色过程，可以表示如下：

- 青色+品红色=蓝色
- 青色+黄色=绿色
- 品红色+黄色=红色
- 品红色+黄色+青色=黑色

1.4.2 色彩的三大属性

色彩由三种元素构成，即色相、明度、饱和度。

1. 色相

色相是指颜色的基本相貌，它是颜色彼此区别最主要、最基本的特征，表示颜色质的不同。色相是以颜色的名称来识别的，如红、黄、绿色等。如图1-67、图1-68所示为红玫瑰、黄玫瑰。

图 1-67

图 1-68

2. 明度

　　明度是表示物体颜色深浅明暗的特征量，是判断一个物体比另一个物体能够较多或较少地反射光的色彩感觉的属性，是颜色的第二种属性。据孟塞尔色立体理论，把明度由黑到白等差分成九个色阶，叫作"明调九度"，如图1-69所示。

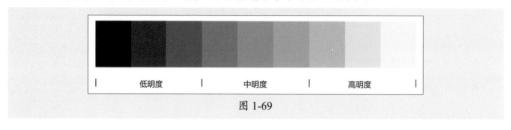

图 1-69

3. 饱和度

　　饱和度也称彩度，它指的是色彩的强度和纯度。饱和度指色相中灰度所占的比例，用0%的灰色到100%完全饱和度的灰色百分比来测量。在标准色轮上，饱和度从中心到边缘逐渐递减，饱和度越高就越靠近色环的外围，越低就越靠近中心。如图1-70、图1-71所示为不同饱和度的图像。

图 1-70

图 1-71

1.5　印刷色与专色

　　颜色类型可以指定为专色或印刷色，这两种颜色类型与商业印刷中使用的两种主要的油墨类型相对应。在InDesign的"色板"面板中，可以通过颜色名称旁边显示的图标来识别颜色的颜色类型。

1.5.1　印刷色

　　印刷色是使用四种标准印刷油墨的组合打印的，C、M、Y、K就是通常采用的印刷四原色，即青色（C）、洋红色（M）、黄色（Y）和黑色（K）。当作业需要的颜色较多而导致使用单独的专色油墨成本很高或者不可行时（如印刷彩色照片时），需要使用印刷色。

指定印刷色时，应遵守以下设置原则。

- **第一：**要使高品质印刷文档呈现最佳效果，可参考印刷四色色谱中的CMYK值来设定颜色。
- **第二：**由于印刷色的最终颜色值是它的CMYK值，因此若使用RGB或Lab在InDesign中指定印刷色，在进行分色打印时，系统会将这些颜色值转换为CMYK值。根据颜色管理设置和文档配置文件不同，这些转换会有所不同。
- **第三：**除非已设置了颜色管理系统，并且了解它在颜色预览方面的限制，否则不要根据显示器上的显示来指定印刷色。
- **第四：**由于CMYK的色域比普通显示器的色域小，因此应避免在只供联机查看的文档中使用印刷色。
- **第五：**在InDesign中，可以将印刷色指定为全局色或非全局色。为对象应用色板时，会自动将该色板作为全局印刷色进行应用。非全局色板是未命名的颜色，可以在"颜色"面板中对其进行编辑。

1.5.2 专色

专色油墨是指一种预先混合好的特定彩色油墨，如荧光黄色、珍珠蓝色、金属金银色油墨等，它不是靠CMYK四色混合出来的。套色意味着准确的颜色，它有以下4个特点。

- **准确性：**每一种套色都有其本身固定的色相，所以它能够保证印刷中颜色的准确性，从而在很大程度上解决了颜色传递准确性差的问题。
- **实地性：**专色一般用实地色定义颜色，而无论这种颜色有多浅。也可以给专色加网（Tint），以呈现专色的任意深浅色调。
- **不透明性：**专色油墨是一种覆盖性质的油墨，是不透明的，可以进行实底的覆盖。
- **表现色域宽：**专色色库中的颜色色域很宽，超过了RGB的表现色域，更不用说CMYK颜色空间了，因此有很大一部分颜色是CMYK四色印刷油墨无法呈现的。

在同一文档中，同时使用专色油墨和印刷色油墨是可行的。例如，在企业年度报告的相同页面上，可以使用一种专色油墨来印刷公司徽标的精确颜色，再使用印刷色来印刷其他内容。

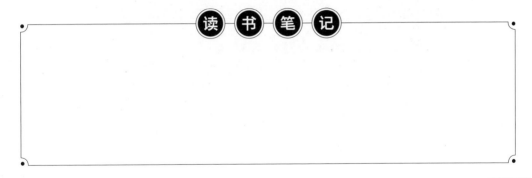

自己练／设计与制作个人名片

案例路径 云盘＼实例文件＼第1章＼自己练＼设计与制作个人名片

项目背景 受委托，现特为"和为贵文化传媒"CCO设计名片，其目的是提升其与公司企业的形象。

项目要求 ①名片整体要美观、简洁大方、得体，信息清晰明了。

②设计规格为54mm×90mm。

项目分析 名片主要体现的是企业Logo与个人信息，在名片正面需要放置企业Logo与企业名称。而名片反面，则是排版个人主要信息（姓名、职称、联系方式等）。参考效果如图1-72和图1-73所示。

图 1-72

图 1-73

课时安排 2课时。

InDesign

第**2**章

制作创意标志
——绘图工具应用详解

本章概述

　　本章主要介绍在InDesign中如何绘制基本图形，并对其进行相关操作，例如对象的移动、缩放、切变、自由变换等。在InDesign中，除了可以使用基本工具绘制规则的图形外，还可以使用钢笔工具绘制不规则的图形。

要点难点

● 绘制基本图形 ★★☆
● 绘制线段和曲线 ★★☆
● 变换对象 ★★☆

跟我学 设计与制作创意标志

学习目标 通过本实操案例，学会利用绘图工具绘制基本图形，如椭圆工具、矩形工具、钢笔工具等；掌握编辑对象的方法与技巧。

案例路径 云盘 \ 实例文件 \ 第2章 \ 跟我学 \ 设计与制作创意标志

步骤 01 执行"文件"|"新建"|"文档"命令，在弹出的"新建文档"对话框中设置参数，如图2-1所示。

步骤 02 单击"边距和分栏"按钮，在弹出的"新建边距和分栏"对话框中设置参数，如图2-2所示。

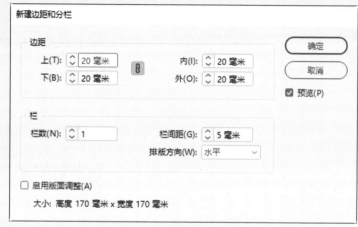

图 2-1 图 2-2

步骤 03 选择"椭圆工具"，在页面上单击，在弹出的对话框中设置参数，如图2-3所示。

步骤 04 在控制面板中设置参数，如图2-4所示。

图 2-3 图 2-4

步骤 05 选择"矩形工具"绘制矩形，填充黑色，描边为无，如图2-5所示。

步骤 06 执行"窗口"|"对象和版面"|"路径查找器"命令，在弹出的面板中单击"减去"按钮 ，如图2-6所示。

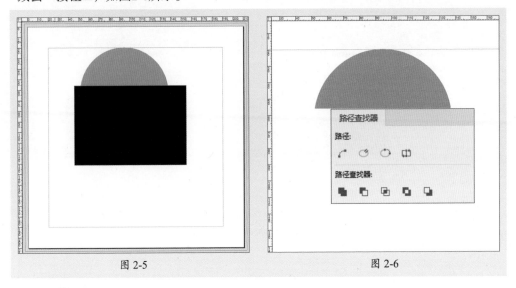

图 2-5   图 2-6

步骤 07 按住Alt键移动并复制半圆，在控制面板中更改填充颜色，如图2-7所示。

步骤 08 选择"矩形工具"绘制矩形，填充黑色，描边为无，使其右边与半圆中点重叠，如图2-8所示。

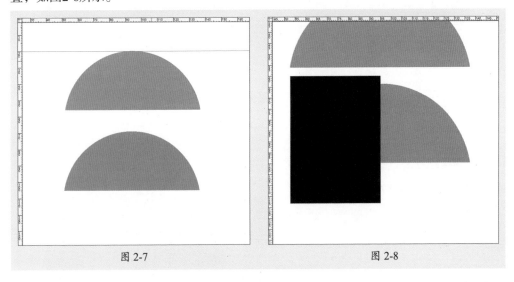

图 2-7   图 2-8

步骤 09 框选半圆与矩形，在"路径查找器"面板中单击"减去"按钮 ，如图2-9所示。

步骤 10 框选半圆与四分之一圆，单击半圆，如图2-10所示。

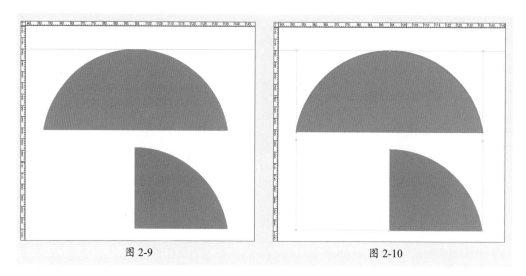

图 2-9   图 2-10

步骤 11 框选半圆与四分之一圆，单击半圆，执行"窗口"|"对象和版面"|"对齐"命令，在"对齐"面板中单击"底对齐"按钮 ▮▮，如图2-11、图2-12所示。

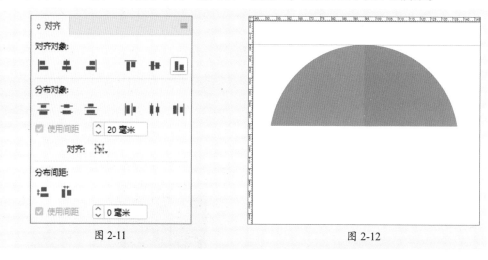

图 2-11   图 2-12

步骤 12 选择"钢笔工具"绘制路径并填充颜色，如图2-13所示。

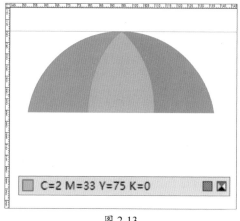

C=2 M=33 Y=75 K=0

图 2-13

步骤 13 按住Alt键复制、移动图形路径并更改填充颜色，如图2-14所示。

步骤 14 按住Shift键拖动鼠标等比例缩放图形，按住Shift键选中黄色图形路径和白色图形路径，释放Shift键后单击黄色图形路径，如图2-15所示。

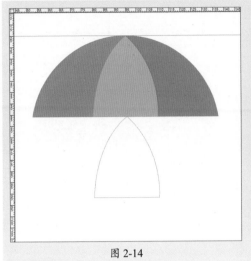

图 2-14

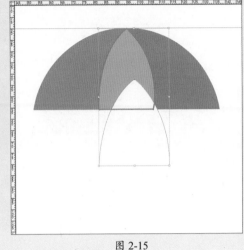

图 2-15

步骤 15 在"对齐"面板中，单击"水平居中对齐"按钮 與 与"垂直居中对齐"按钮 ，如图2-16所示。

步骤 16 选择白色图形路径并向上移动，右击鼠标，在弹出的菜单中选择"排列"|"后移一层"命令，如图2-17所示。

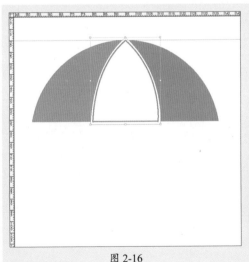

图 2-16

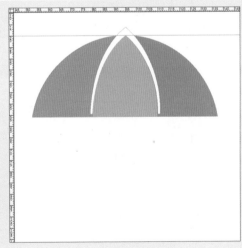

图 2-17

知识链接 图层的顺序影响着图像的最终呈现效果。关于图层顺序的快捷键有：按Ctrl+Shift+]组合键置于顶层；按Ctrl+]组合键前移一层；按Ctrl+[组合键后移一层；按Ctrl+Shift+[组合键置于底层。

步骤 17 选择"椭圆工具"在页面上单击，在弹出的"椭圆"对话框中设置参数，单击"确定"按钮后填充白色，描边为无，将其移至合适位置，如图2-18所示。

步骤 18 按住Alt键移动复制正圆，选择"吸管工具"吸取半圆的绿色进行填充，按住Shift+Alt组合键从中心等比例缩放，如图2-19所示。

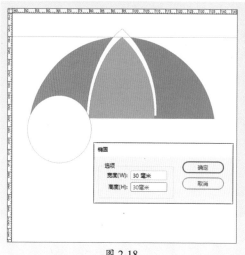
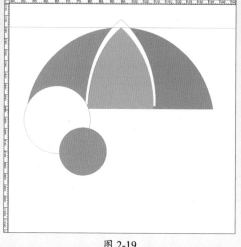

图 2-18　　　　　　　　　　　图 2-19

步骤 19 框选白色和绿色正圆，单击白色正圆，在"对齐"面板中单击"水平居中对齐"按钮与"垂直居中对齐"按钮，如图2-20所示。

步骤 20 框选白色和绿色正圆，按住Shift+Alt组合键水平复制两次，如图2-21所示。

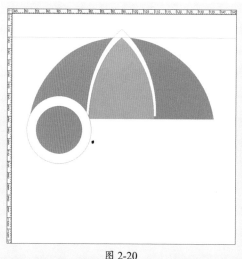
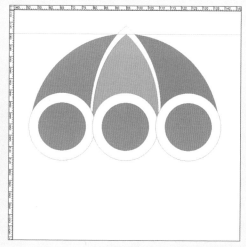

图 2-20　　　　　　　　　　　图 2-21

💬 **技巧点拨**

按住Alt键可直接移动复制；若要水平、垂直或以45°角移动复制，需按住Shift+Alt组合键。

步骤 21 分别框选第二组和第三组中间的正圆，选择"吸管工具"吸取橘色和蓝色进行填充，如图2-22所示。

步骤 22 选择"椭圆工具"在页面上单击，在弹出的"椭圆"对话框中设置参数，单击"确定"按钮后填充绿色，描边为无，如图2-23所示。

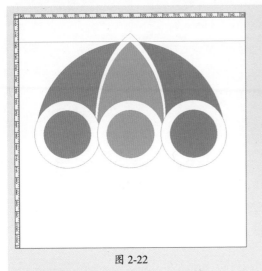

图 2-22

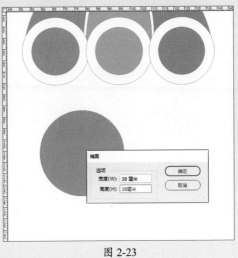

图 2-23

步骤 23 选择"椭圆工具"在页面上单击，在弹出的"椭圆"对话框中设置参数，单击"确定"按钮后填充白色，描边为无，如图2-24所示。

步骤 24 框选两个正圆，在"路径查找器"面板中单击"减去"按钮 🗖，如图2-25所示。

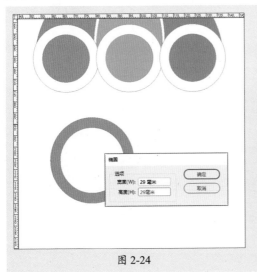

图 2-24

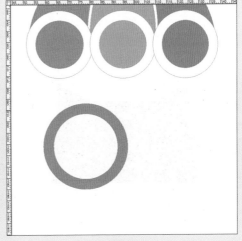

图 2-25

步骤 25 选择"椭圆工具"在页面上单击，在弹出的"椭圆"对话框中设置参数，单击"确定"按钮后填充白色，描边为无，如图2-26所示。

步骤 26 按住Shift+Alt组合键水平复制，如图2-27所示。

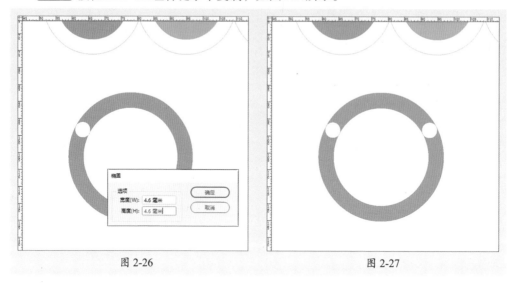

图 2-26   图 2-27

步骤 27 选择"钢笔工具"沿着白色圆与绿色路径相交处向下绘制路径，设置填充颜色为黑色，描边为无，如图2-28所示。

步骤 28 按住Shift键选中绿色路径与黑色路径，在"路径查找器"面板中单击"减去"按钮，如图2-29所示。

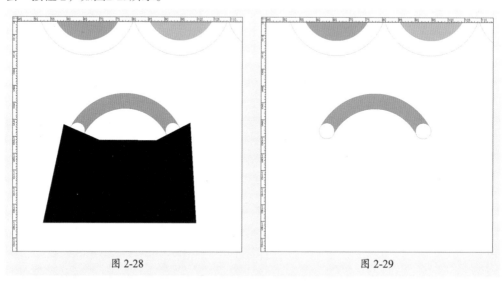

图 2-28   图 2-29

知识链接   在Adobe系列软件中，除了按住Shift键加选图像外，也可以直接使用"选择工具"框选图像，蚂蚁线经过的图像都会被选中。

步骤 29 框选绿色路径和两个白色小圆,在"路径查找器"面板中单击"相加"按钮 ■,如图2-30所示。

步骤 30 选择"吸管工具"吸取绿色填充两个白色小圆,将路径移动到合适位置(与正圆居中对齐),如图2-31所示。

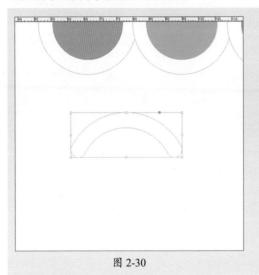

图 2-30

图 2-31

步骤 31 按住Shift+Alt组合键水平复制两次,如图2-32所示。

步骤 32 选择"吸管工具"分别吸取橘色和蓝色填充拼合图形,如图2-33所示。

图 2-32

图 2-33

知识链接　　选择图像,使用"吸管工具"吸取目标颜色即可填充该图像,若再次单击另外一幅图像,则该图像也填充目标颜色。

步骤 33 选中绿色路径与橘色路径，按住Alt键复制路径，在"路径查找器"面板中单击"交叉"按钮，如图2-34所示。

步骤 34 更改图像颜色并移动到合适位置，按住Shift+Alt组合键移动复制图像至另一个重叠处，如图2-35所示。

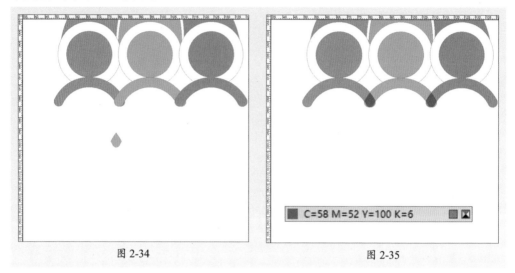

图 2-34　　　　　　　　　　　　　　　　图 2-35

步骤 35 选择"椭圆工具"，在橘色图形中下位置绘制一个橘色正圆，如图2-36所示。

步骤 36 选择"矩形工具"，单击页面区域，在弹出的"矩形"对话框中设置其参数，选择"吸管工具"吸取橘色为填充颜色，如图2-37所示。

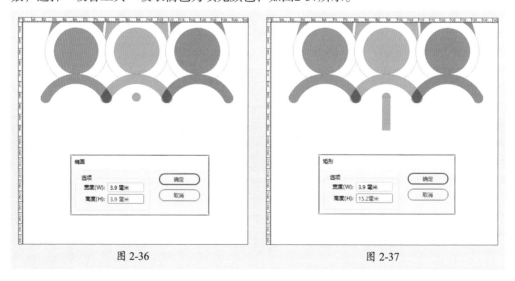

图 2-36　　　　　　　　　　　　　　　　图 2-37

步骤 37 选择"椭圆工具"在页面上单击，在弹出的"椭圆"对话框中设置参数，选择"吸管工具"吸取橘色为填充颜色，如图2-38所示。

步骤38 选择"椭圆工具"在页面上单击，在弹出的"椭圆"对话框中设置参数，填充白色，描边为无，如图2-39所示。

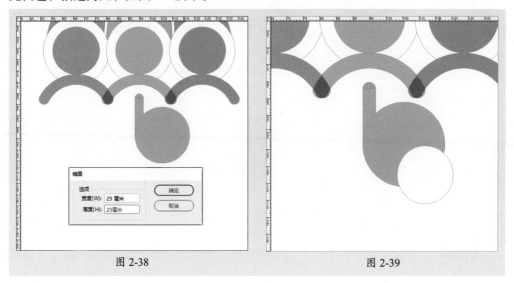

图 2-38   图 2-39

步骤39 框选两个正圆，使其居中对齐，在"路径查找器"面板中单击"减去"按钮 ◻，如图2-40所示。

步骤40 按住Alt键复制橘色小正圆，将其置于顶层，更改填充颜色为白色，放置在合适位置，如图2-41所示。

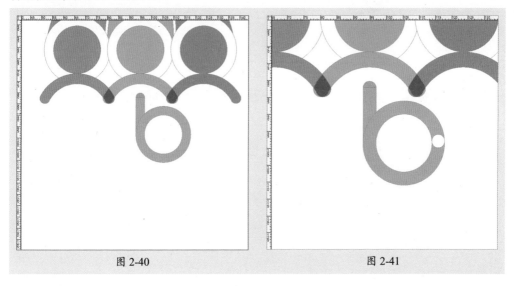

图 2-40   图 2-41

步骤41 选择"矩形工具"绘制矩形，选择"吸管工具"吸取蓝色为填充颜色，如图2-42所示。

步骤42 框选矩形和圆环，在"路径查找器"面板中单击"减去"按钮 ◻，如图2-43所示。

<table>
<tr><td>图 2-42</td><td>图 2-43</td></tr>
</table>

步骤 43 框选伞柄组成部分的图形，在"路径查找器"面板中单击"相加"按钮
🔤，如图2-44所示。

步骤 44 框选部分图形，按Ctrl+G组合键创建编组，如图2-45所示。

图 2-44   图 2-45

步骤 45 将编组的图形组向下移动。选择"直接选择工具"单击橘色图形路径的右
下方锚点，按住←键向左移动调整；选择"直接选择工具"，单击橘色图形路径的左
下方锚点，按住→键向右移动调整，如图2-46所示。

步骤 46 框选图形，按Ctrl+G组合键创建编组，如图2-47所示。

步骤 47 移动下方的编组，使其居中对齐，如图2-48所示。

步骤 48 选择"文字工具"，拖动绘制文本框并输入文字，在控制面板中设置参
数，如图2-49所示。

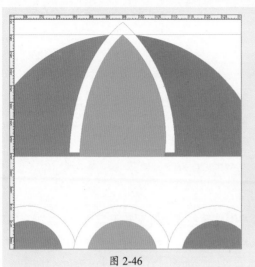

图 2-46

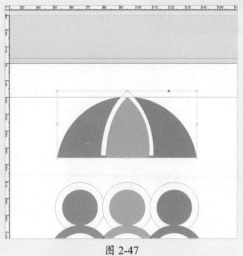

图 2-47

图 2-48

图 2-49

步骤 49 最终效果如图2-50所示。

至此，完成创意标志的制作。

图 2-50

听我讲 ▶ Listen to me

2.1 绘制基本图形

在使用InDesign编排出版物的过程中，图形的处理是一个重要的组成部分。本节将介绍在InDesign中如何利用不同的工具绘制直线、矩形、曲线和多边形等基本形状和图形。

2.1.1 绘制直线

选择"直线工具"或按 \ 键，按住鼠标左键拖至终点，随后松开鼠标，看到出现了一条直线。在画线时，若靠近对齐线，则鼠标指针会变成带有一个小箭头形状。使用"直线工具"可以绘制水平、垂直和45°倾斜的直线，如图2-51、图2-52、图2-53所示。

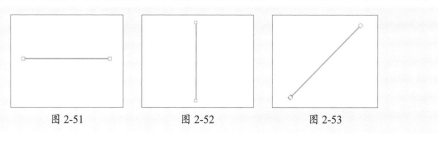

图 2-51   图 2-52   图 2-53

知识链接　　在绘制直线时，如果按住Shift键，则其角度受到限制，只能有水平、垂直、左右45°倾斜等几种方式。如果按住Alt键，则所画直线以初始点为固定对称中心。

2.1.2 绘制矩形

选择"矩形工具"或按M键，直接拖动鼠标可绘制一个矩形。若在页面上单击，将会弹出"矩形"对话框，从中输入高度和宽度的值后单击"确定"按钮，即可绘制出一个矩形，如图2-54、图2-55所示。

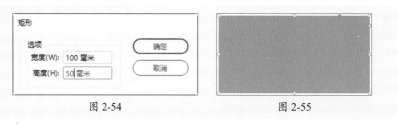

图 2-54   图 2-55

知识链接　　按住Shift键的同时拖动鼠标，可绘制正方形；按住Alt键的同时拖动鼠标，可以绘制以鼠标点为中心点向外扩展的矩形；按住Shift+Alt组合键的同时拖动鼠标，可绘制以鼠标点为中心点向外扩展的正方形。

2.1.3　绘制圆形

选择"椭圆工具"，在页面上单击，弹出"椭圆"对话框，输入参数后单击"确定"按钮即可，如图2-56、图2-57所示。

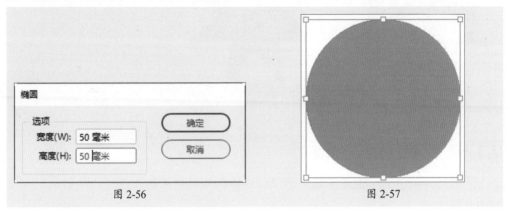

图 2-56　　　　　　　　　　　　　　　　　　图 2-57

知识链接　　　　按住Alt键选择"椭圆工具"，则可在"矩形工具""椭圆工具""多边形工具"之间进行切换。

2.1.4　绘制多边形

选择"多边形工具"，在页面上单击，弹出"多边形"对话框，输入参数后单击"确定"按钮即可绘制多边形，如图2-58、图2-59所示。

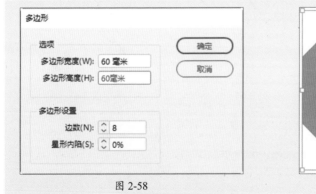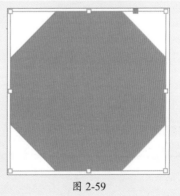

图 2-58　　　　　　　　　　　　　　　　　　图 2-59

知识链接　　　　选择"多边形工具"，在页面上拖动鼠标到合适的高度和宽度，按住鼠标左键不放，按键盘上的↑和↓键可增减多边形的边数；按→和←键可增减星形内陷的百分比。

若设置"星形内陷"为25%，可绘制如图2-60所示的图形；若设置"星形内陷"为50%，则可绘制如图2-61所示的图形；若设置"星形内陷"为100%，则可绘制如图2-62所示的图形。

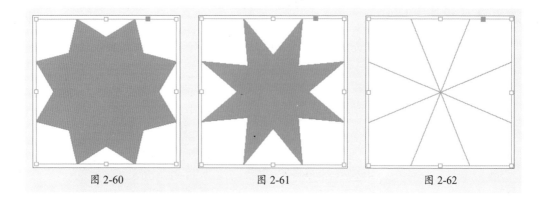

图 2-60   图 2-61   图 2-62

2.1.5 绘制线段与曲线

使用工具箱中的"钢笔工具"不仅可以准确地绘制线段，还可以绘制出更为流畅的曲线。

1. 绘制线段

选择"钢笔工具"，将钢笔工具指针定位到所需的直线起点并单击，以定义第一个锚点，如图2-63所示；接着指定第二个锚点，即单击线段结束的位置，如图2-64所示；继续单击以便为其他直线设置锚点，如图2-65所示。

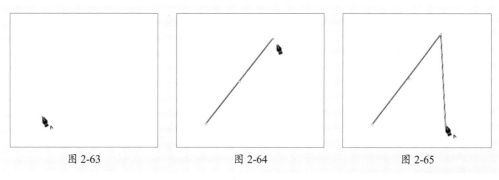

图 2-63   图 2-64   图 2-65

将鼠标指针放到第一个空心锚点上，当"钢笔工具"指针旁出现一个小圆圈时，如图2-66所示，单击可绘制闭合路径，如图2-67所示。

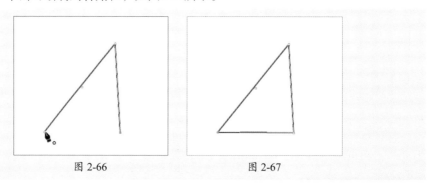

图 2-66   图 2-67

2. **绘制曲线** ───────────────────────────

单击以指定起始点，在曲线改变方向的位置添加一个锚点，拖动构成曲线形状的方向线，方向线的长度和斜度决定了曲线的形状，如图2-68所示。

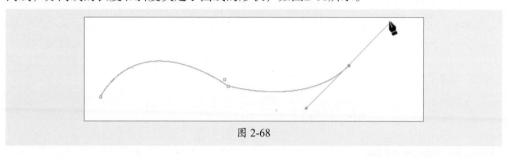

图 2-68

2.2 变换对象

对象的变换操作包括旋转、缩放、切变等，这些操作有些通过"选择工具"便可以完成，但有些必须通过专业的工具完成，如"自由变换工具""旋转工具""缩放工具""切变工具"等。

2.2.1 旋转对象

选择"旋转工具"，可以围绕某个指定点旋转操作对象，通常默认的旋转中心点是对象的中心点，如图2-69所示。椭圆中部所显示的符号代表旋转中心点，单击并拖动此符号即可改变旋转中心点相对于对象的位置，从而使旋转基准点发生变化。如图2-70所示为旋转状态。松开鼠标后，即可看到旋转后的椭圆，如图2-71所示。

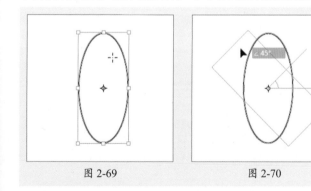

图 2-69　　　　　　　图 2-70

图 2-71

知识链接　　在旋转对象的同时按住Shift键，则可以将旋转角度限定为45°的整数倍。

在操作过程中，可以自由调整旋转中心点的位置。旋转中心点的设置影响最终旋转效果，如图2-72、图2-73所示为绕不同旋转中心点旋转30°的效果。

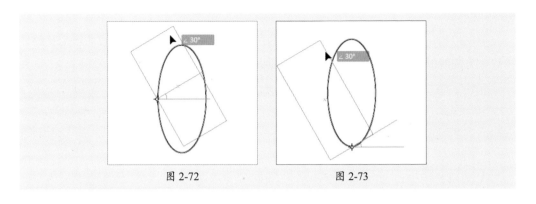

图 2-72   图 2-73

2.2.2 缩放对象

使用"缩放工具"可在水平方向、垂直方向或者同时在水平和垂直方向对操作对象进行放大或缩小操作。在默认情况下，选择"缩放工具" ⊞ 进行放大和缩小操作都是相对于操作中心点，如图2-74、图2-75、图2-76所示。

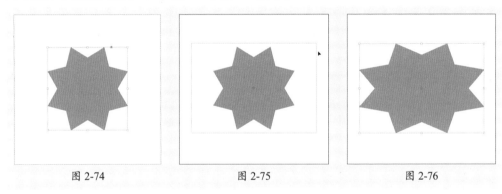

图 2-74   图 2-75   图 2-76

最为简单的缩放操作是通过对象周围的边框进行的，使用"选择工具"选择需要进行缩放的对象时，该对象的周围将出现边界框，用鼠标拖动边界框上的任意手柄即可对被选定对象做缩放操作。

 知识链接   若在缩放时按住Shift键进行拖动，可保持原图像的大小比例。

2.2.3 切变对象

使用"切变工具"可在任意对象上对其进行切变操作，其原理是用平行于平面的力作用于平面使对象发生变化。选择"切变工具" ⊡ 可以直接在对象上进行旋转拉伸，如图2-77、图2-78、图2-79所示。也可在控制面板中输入角度使对象达到所需的效果。

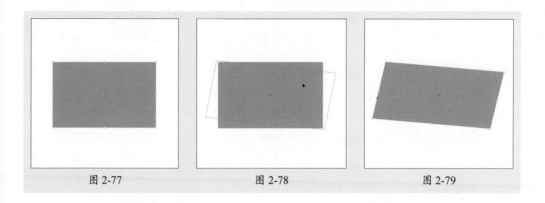

| 图 2-77 | 图 2-78 | 图 2-79 |

2.2.4　自由变换对象

　　自由变换工具的作用范围包括文本框、图文框以及各种多边形。自由变换工具不仅可以移动、缩放。旋转对象，还可以将对象拉长、拉宽以及反转等。

　　选择"自由变换工具" ，若将光标放置对象上，可进行移动；若将光标放到定界框上，可以上下左右进行拖动完成拉长、缩放、旋转等操作，如图2-80所示；若将光标放置定界框外，当出现光标变为 ，可以旋转图像，如图2-81所示。

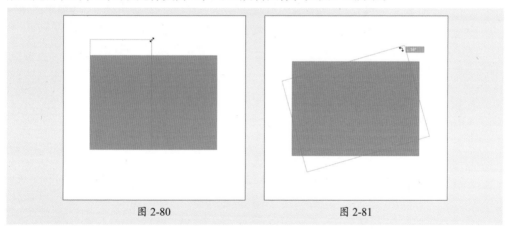

| 图 2-80 | 图 2-81 |

知识链接　　选中目标图形，在控制面板中可以直接快捷准确地调整形状，如图2-82所示。

图 2-82

自己练/设计与制作天气图标

案例路径 云盘 \ 实例文件 \ 第2章 \ 自己练 \ 设计与制作天气图标

项目背景 在很多时候，设计者往往需要很多的创意图形。不仅可以使用 Photoshop、AI等专业的制图软件设计精美的创意图形，使用InDesign也能制作出小插图。

项目要求 ①图标设计要求颜色清新。

②扁平风格。

项目分析 InDesign中的绘图工具并不多，除了最基本的几何图形绘制工具外，还有"钢笔工具"。在本次的创意图形中，使用"椭圆工具""矩形工具"搭配"路径查找器"面板进行图形的拼合绘制。参考效果如图2-83所示。

图 2-83

课时安排 2课时。

InDesign

第3章

制作期刊内页
——文本编排详解

文字是版面设计中的一个核心部分，辅助步骤均是为衬托文字更好地展现而服务的，因此在版面设计工作中，要把文字的视觉传达效果放在首位。本章将主要对文本的创建、排列以及文本绕排的知识进行讲解。

要点难点

- 创建文本 ★★☆
- 输入特殊字符 ★☆☆
- 项目符号与编号 ★☆☆
- 文本绕排 ★★★

跟我学 设计与排版杂志内页

学习目标 通过本案例的练习，学会如何对文本进行创建和编辑；熟练掌握框架的绘制与图像置入的搭配使用。

案例路径 云盘\实例文件\第3章\跟我学\设计与排版杂志内页

步骤 01 执行"文件"|"新建"|"文档"命令，在弹出的"新建文档"对话框中设置参数，如图3-1所示。

步骤 02 单击"边距和分栏"按钮，在弹出的对话框中设置参数，如图3-2所示。

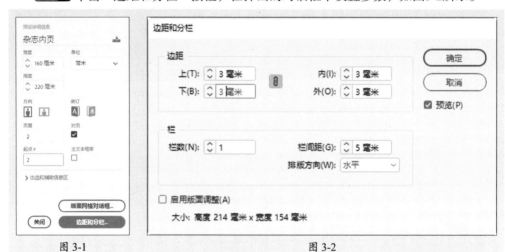

图 3-1   图 3-2

步骤 03 选择"矩形框架工具"绘制框架，并使其居中对齐，如图3-3所示。

步骤 04 执行"文件"|"置入"命令，在"置入"对话框中选择素材文件进行置入，在控制面板中单击"按比例填充框架"按钮，效果如图3-4所示。

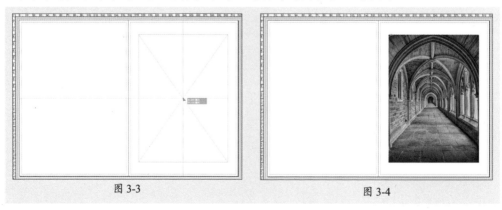

图 3-3   图 3-4

步骤 05 选择"矩形工具",绘制矩形,填充白色,描边为无,使其居中对齐,如图3-5所示。

步骤 06 选择"文字工具",拖动绘制文本框,输入文字,在控制面板中设置参数,如图3-6所示。

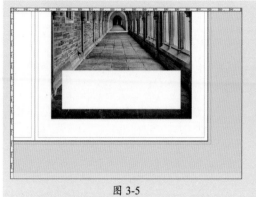

图 3-5

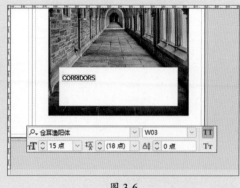

图 3-6

步骤 07 更改文字填充颜色,如图3-7所示。

步骤 08 按住Shift+Alt组合键垂直移动复制的文字,按Ctrl+A组合键全选复制的文字,更改文字内容并调整大小,如图3-8所示。

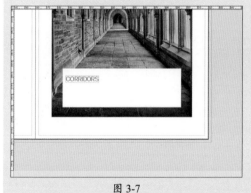

图 3-7

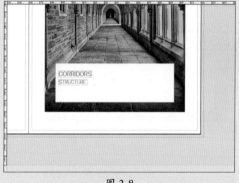

图 3-8

步骤 09 按住Shift+Alt组合键垂直移动复制的文字,按Ctrl+A组合键全选复制的文字,更改文字内容,如图3-9所示。

图 3-9

步骤10 按住Shift键加选三行文字，按Ctrl+G组合键创建编组，按住Shift键加选白色矩形，在控制面板中单击"垂直居中对齐"按钮 ⊪ ，如图3-10所示。

步骤11 选择"矩形工具"绘制矩形并填充颜色，描边为无，同样使其与白色矩形垂直居中对齐，如图3-11所示。

图 3-10

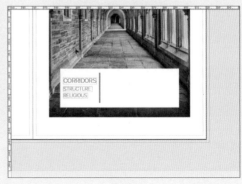

图 3-11

步骤12 选择"文字工具"拖动绘制文本框，输入文字，在控制面板中设置参数，如图3-12所示。

步骤13 选择"文字工具"拖动绘制文本框，输入文字，在控制面板中设置参数，如图3-13所示。

图 3-12

图 3-13

步骤14 选择"直线工具"，按住Shift键绘制直线，在控制面板中设置参数，如图3-14所示。

图 3-14

步骤15 选择"文字工具"拖动绘制文本框，输入文字，在控制面板中设置参数，如图3-15所示。

步骤16 按住Alt键复制文本至右上角并更改文字内容，如图3-16所示。

图 3-15

图 3-16

步骤17 按住Shift加选标题和页码，按住Shift+Alt组合键水平移动至页面2，如图3-17所示。

步骤18 在控制面板中单击"水平翻转"按钮，单击页面取消选择。分别选中页面2上的文字和图形，单击控制面板中的"水平翻转"按钮，如图3-18所示。

图 3-17

图 3-18

步骤19 选择"文字工具"拖动绘制文本框，输入文字，在控制面板中设置参数，如图3-19所示。

步骤20 右击鼠标，在弹出的菜单中选择"文本框架选项"选项，在弹出的对话框中设置参数，如图3-20所示。

图 3-19

图 3-20

步骤21 按Ctrl+A组合键全选文字，在控制面板单击"段"按钮，设置"首行左缩进"参数，如图3-21所示。

步骤22 选择"文字工具"拖动绘制文本框，输入文字，在控制面板中设置参数，如图3-22所示。

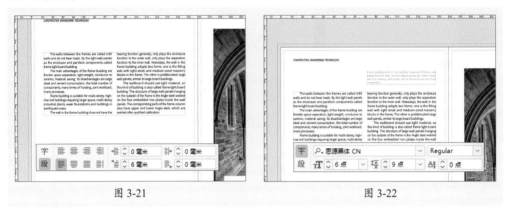

图 3-21   图 3-22

步骤23 选择"文字工具"拖动绘制文本框，输入文字，在控制面板中设置参数，如图3-23所示。

步骤24 选择"直线工具"，按住Shift键绘制直线，在控制面板中设置参数，如图3-24所示。

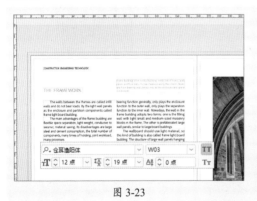
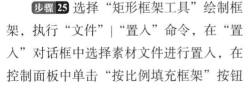

图 3-23

图 3-24

步骤25 选择"矩形框架工具"绘制框架，执行"文件"|"置入"命令，在"置入"对话框中选择素材文件进行置入，在控制面板中单击"按比例填充框架"按钮 ■，如图3-25所示。

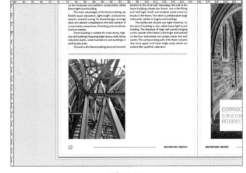

图 3-25

步骤 26 选择右上角蓝色文字，按住Alt键复制两次并更改文字，调整文本框大小，如图3-26所示。

图 3-26

步骤 27 更改文字颜色，如图3-27所示。

步骤 28 选择"文字工具"拖动绘制文本框，输入文字，选择"吸管工具"吸取段落文字的字符样式，如图3-28所示。

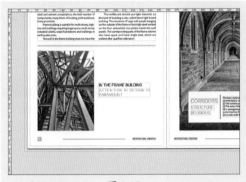

图 3-27

图 3-28

步骤 29 按Ctrl+A组合键全选文字，在控制面板中将"首行左缩进"更改为0，如图3-29所示。

步骤 30 调整白色矩形的不透明度为70% 70% ，最终效果如图3-30所示。

图 3-29

图 3-30

至此，完成杂志内页的制作。

听我讲 Listen to me

3.1 文本的创建

文字是一本书籍设计中的核心部分。本节介绍如何把文字放置到版面中，如何调整文字的分布并使其与其他版面中的素材协调一致。

3.1.1 使用文字工具

文字是构成书籍版面的核心元素。由于文字字体有视觉差别，因此就产生了多种不同的表现手法和形象。

选择"文字工具"，在弹出的下拉列表中可选择"文字工具""直排文字工具""路径文字工具"以及"垂直路径文字工具"，如图3-31所示。当鼠标指针变为文字工具后，按住鼠标左键不放并拖动，便可创建文本框，如图3-32所示。

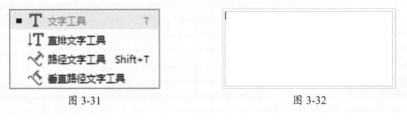

图 3-31   图 3-32

要更改文本框的各项属性，执行"对象"|"文本框架选项"命令，弹出"文本框架选项"对话框，可以设置文本框架的分栏、栏间距、内边距、文本绕排等参数，如图3-33所示；选择"基线选项"选项卡，可以对基线与基线网格进行相应设置，如图3-34所示。

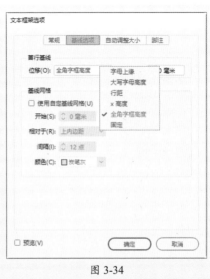

图 3-33   图 3-34

选择"自动调整大小"选项卡，可以对自动宽度和高度进行调整，如图3-35所示；选择"脚注"选项卡，可以进行脚注的标注，如图3-36所示。

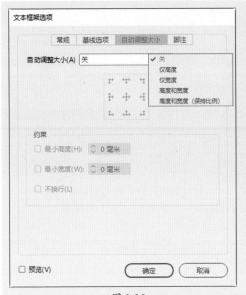

图 3-35

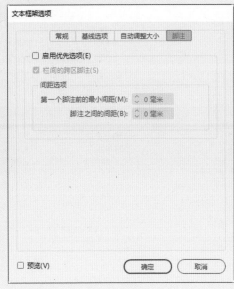

图 3-36

3.1.2 使用网格工具

由于汉字自身的特点，排版中出现了网格工具，使用它可以很方便地确定字符的大小及其内间距，其使用方法和纯文本工具大体相同，具体介绍如下。

单击"水平网格工具"按钮▤或"垂直网格工具"按钮▥，待光标发生变化后，在编辑区中单击并拖出文本框即可，如图3-37、图3-38所示。

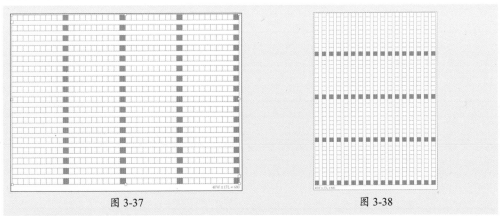

图 3-37   图 3-38

若要调整网格工具的各项属性，可以参照纯文本工具的属性更改方法，单击"框架网格选项"按钮，对所要置入文字的字体、字号、字间距、对齐方式、视图选项、行与栏数等进行相应设置，如图3-39所示。

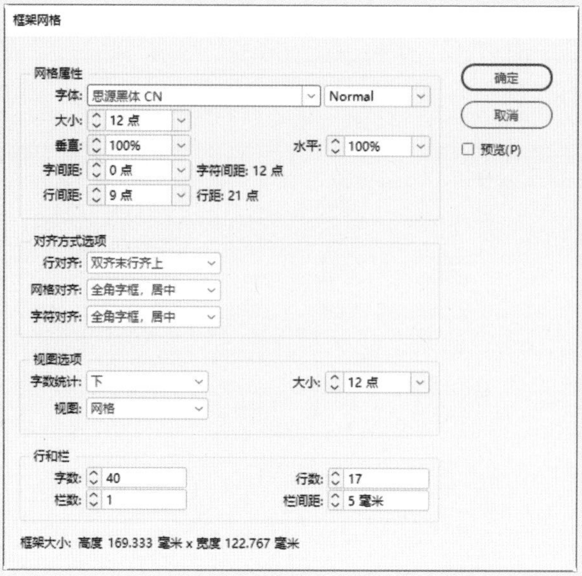

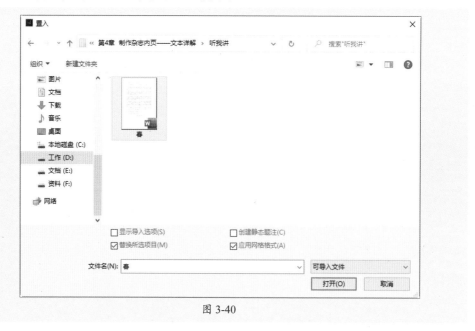

图 3-39

3.1.3　置入文本

　　文本的置入操作很简单，和置入图像素材操作相同。执行"文件"｜"置入"命令或按Ctrl+D组合键，打开的对话框如图3-40所示。

图 3-40

　　若选中"应用网格格式"复选框，单击"确定"按钮后，拖动创建文本，效果如图3-41所示；若未选中"应用网格格式"复选框，拖动创建文本，效果如图3-42所示。

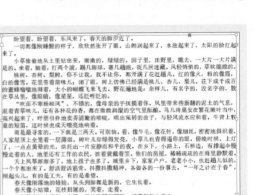

图 3-41   图 3-42

3.1.4 设置文本

在InDesign CC中，可以根据需要对字号、字体、字间距、行距等各项属性进行设置。通过调整文字之间的距离、行与行之间的距离，可使整体更美观。在置入文本后，若要对文本进行设置，有以下两种常用的方法。

（1）使用"文字工具"选中文字，在控制面板中可对文字参数进行设置，如图3-43所示。

图 3-43

（2）执行"窗口"|"文字和表"|"字符"命令，在弹出的"字符"面板中设置文字参数，如图3-44、图3-45所示。

图 3-44   图 3-45

若要对文字的颜色进行设置，可以在控制面板中单击"填色"后边的三角按钮，在下拉列表中设置已有色板颜色，如图3-46所示。若要重新设置颜色，可以在工具箱中单击"格式针对文本"按钮 T，如图3-47所示。双击"填色"按钮，在弹出的"拾色器"对话框中设置颜色。单击"互换填色和描边"按钮，可将填色和描边的颜色进行互换；单击"描边"按钮，再次双击可对描边的颜色进行设置，如图3-48所示。

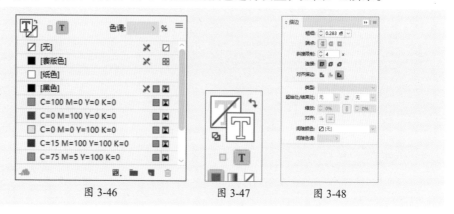

图 3-46 图 3-47 图 3-48

还可利用"描边"面板与"颜色"面板设置文本描边与填充颜色，如图3-49、图3-50
所示。

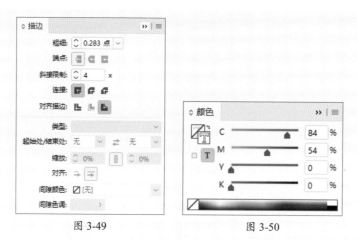

图 3-49 图 3-50

3.1.5　设置段落文本

设置段落属性是文字排版的基础工作，正文中的段首缩进、文本的对齐方式、标
题的控制均需在设置段落文本中实现。使用工具箱中的工具可进行自由设置，也可在
"文字"菜单中进行段落格式的设置。

（1）使用"文字工具"选中文字，在控制面板中单击 段 按钮，可对段落参数进行
设置，如图3-51所示。

图 3-51

（2）执行"窗口"|"文字和表"|"段落"命令，在弹出的"段落"面板中可设置
参数，如图3-52、图3-53所示。

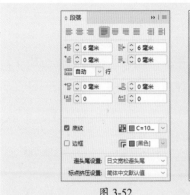

图 3-52

盼望着，盼望着，东风来了，春天的脚步近了。

一切都像刚睡醒的样子，欣欣然张开了眼。山朗润起来了，水涨起来了，太阳的脸红起来了。

小草偷偷地从土里钻出来，嫩嫩的，绿绿的。园子里，田野里，瞧去，一大片一大片满是的。坐着，躺着，打两个滚，踢几脚球，赛几趟跑，捉几回迷藏。风轻悄悄的，草软绵绵的。

桃树、杏树、梨树，你不让我，我不让你，都开满了花赶趟儿。红的像火，粉的像霞，白的像雪。花里带着甜味儿；闭了眼，树上仿佛已经满是桃儿、杏儿、梨儿。花下成千成百的蜜蜂嗡嗡地闹着，大小的蝴蝶飞来飞去。野花遍地是：杂样儿，有名字的，没名字的，散在草丛里，像眼睛，像星星，还眨呀眨的。

"吹面不寒杨柳风"，不错的，像母亲的手抚摸着你。风里带来些新翻的泥土的气息，混着青草味儿，还有各种花的香，都在微微润湿的空气里酝酿。鸟儿将巢安在繁花嫩叶当中，高兴起来了，呼朋引伴地卖弄清脆的喉咙，唱出宛转的曲子，与轻风流水应和着。牛背上牧童的短笛，这时候也成天嘹亮地响着。

雨是最寻常的，一下就是三两天。可别恼。看，像牛毛，像花针，像细丝，密密地斜织着，人家屋顶上全笼着一层薄烟。树叶儿却绿得发亮，小草儿也青得逼你的眼。傍晚时候，上灯了，一点点黄晕的光，烘托出一片安静而和平的夜。在乡下，小路上，石桥边，有撑起伞慢慢走着的人，地里还有工作的农民，披着蓑戴着笠。他们的房屋，稀稀疏疏的在雨里静默着。

天上风筝渐渐多了，地上孩子也多了。城里乡下，家家户户，老老小小，也赶趟儿似的，一个个都出来了。舒活舒活筋骨，抖擞抖擞精神，各做各的一份事去。"一年之计在于春"，刚起头儿，有的是工夫，有的是希望。

春天像刚落地的娃娃，从头到脚都是新的，它生长着。

春天像小姑娘，花枝招展的，笑着，走着。

图 3-53

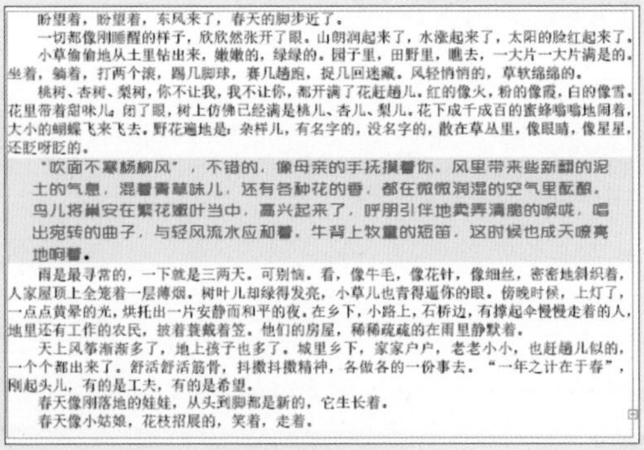

3.2 特殊字符的输入

字体是具有变换样式的一组字符的完整集合，字形就是字体集合中的字符变体，字形包括常规、粗体、斜体、斜粗体等。特殊字符就是在平常文字编辑中不常使用的字符，如版权符号、省略号、段落符号、商标符号等。

3.2.1 插入特殊字符

选择"文字工具"，在所要插入字符的地方单击。执行"文字" | "插入特殊字符"命令，或者右击鼠标，在弹出的菜单中选择"插入特殊字符"命令，在子菜单中选择所要插入的符号选项即可，如图3-54所示。

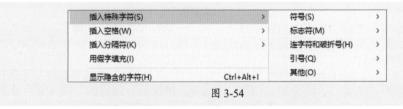

图 3-54

执行"文字" | "插入特殊字符" | "符号" | "版权符号"命令，效果如图3-55所示；执行"文字" | "插入特殊字符" | "引号" | "直引双引号"命令，效果如图3-56所示。

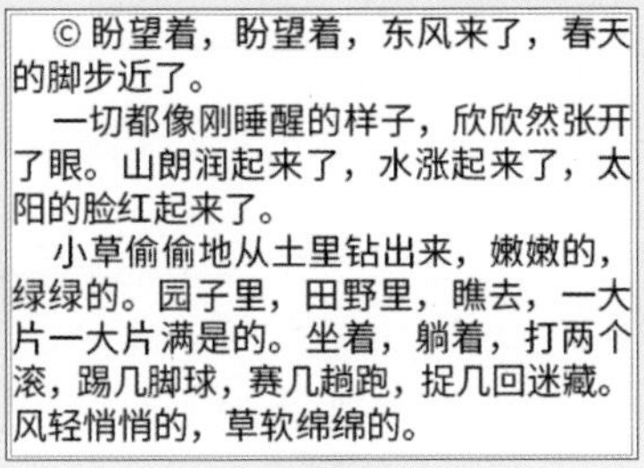

©盼望着，盼望着，东风来了，春天的脚步近了。

一切都像刚睡醒的样子，欣欣然张开了眼。山朗润起来了，水涨起来了，太阳的脸红起来了。

小草偷偷地从土里钻出来，嫩嫩的，绿绿的。园子里，田野里，瞧去，一大片一大片满是的。坐着，躺着，打两个滚，踢几脚球，赛几趟跑，捉几回迷藏。风轻悄悄的，草软绵绵的。

图 3-55

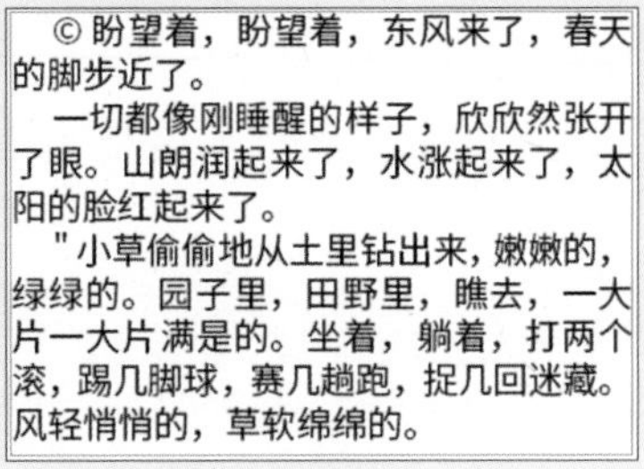

©盼望着，盼望着，东风来了，春天的脚步近了。

一切都像刚睡醒的样子，欣欣然张开了眼。山朗润起来了，水涨起来了，太阳的脸红起来了。

"小草偷偷地从土里钻出来，嫩嫩的，绿绿的。园子里，田野里，瞧去，一大片一大片满是的。坐着，躺着，打两个滚，踢几脚球，赛几趟跑，捉几回迷藏。风轻悄悄的，草软绵绵的。

图 3-56

3.2.2　插入空格字符

在文本中插入不同的空格字符可以达到不同的效果。选择"文字工具",将鼠标指针定位在要插入字符的位置,执行"文字"|"插入空格"命令,或者右击鼠标,在弹出的菜单中选择"插入空格"命令,在子菜单中选择所需的空格字符选项即可,如图3-57所示。

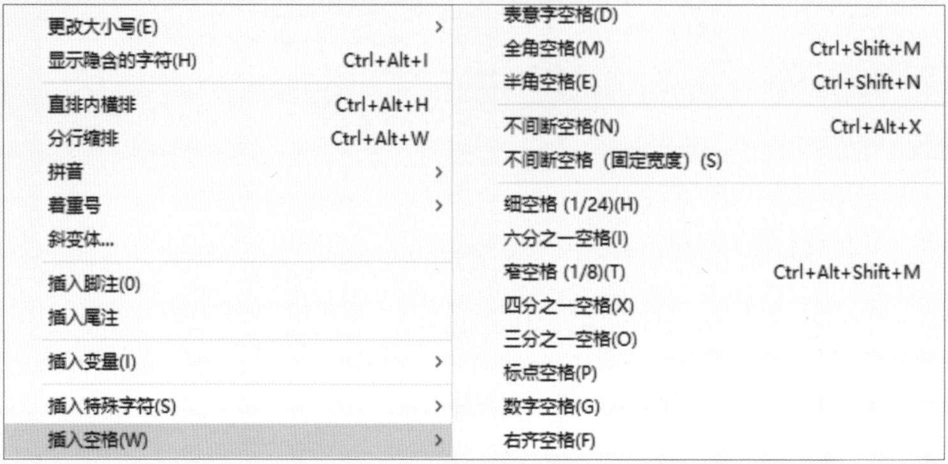

更改大小写(E)	＞	表意字空格(D)	
显示隐含的字符(H)	Ctrl+Alt+I	全角空格(M)	Ctrl+Shift+M
直排内横排	Ctrl+Alt+H	半角空格(E)	Ctrl+Shift+N
分行缩排	Ctrl+Alt+W	不间断空格(N)	Ctrl+Alt+X
拼音	＞	不间断空格 (固定宽度) (S)	
着重号	＞	细空格 (1/24)(H)	
斜变体...		六分之一空格(I)	
插入脚注(O)		窄空格 (1/8)(T)	Ctrl+Alt+Shift+M
插入尾注		四分之一空格(X)	
插入变量(I)	＞	三分之一空格(O)	
插入特殊字符(S)	＞	标点空格(P)	
插入空格(W)	＞	数字空格(G)	
		右齐空格(F)	

图 3-57

执行"文字"|"插入空格"|"表意字空格"命令,效果如图3-58所示;执行"文字"|"插入空格"|"右齐空格"命令,效果如图3-59所示。

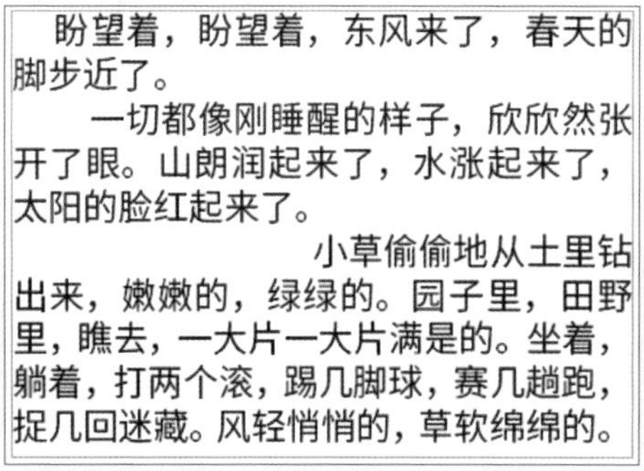

盼望着,盼望着,东风来了,春天的脚步近了。

一切都像刚睡醒的样子,欣欣然张开了眼。山朗润起来了,水涨起来了,太阳的脸红起来了。

小草偷偷地从土里钻出来,嫩嫩的,绿绿的。园子里,田野里,瞧去,一大片一大片满是的。坐着,躺着,打两个滚,踢几脚球,赛几趟跑,捉几回迷藏。风轻悄悄的,草软绵绵的。

图 3-58

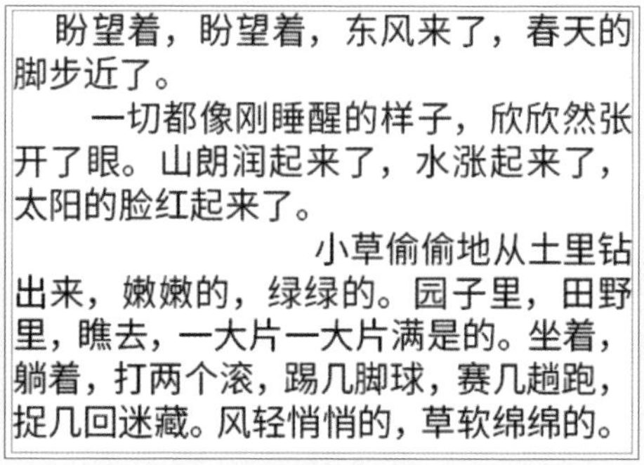

盼望着,盼望着,东风来了,春天的脚步近了。

一切都像刚睡醒的样子,欣欣然张开了眼。山朗润起来了,水涨起来了,太阳的脸红起来了。

小草偷偷地从土里钻出来,嫩嫩的,绿绿的。园子里,田野里,瞧去,一大片一大片满是的。坐着,躺着,打两个滚,踢几脚球,赛几趟跑,捉几回迷藏。风轻悄悄的,草软绵绵的。

图 3-59

3.2.3　插入分隔符

在文本中插入分隔符,可对分栏、框架、页面进行分隔。选择"文字工具",将光标定位在所要插入分隔符的位置,执行"文字"|"插入分隔符"命令,或者右击鼠标,在弹出的菜单中选择"插入分隔符"命令,在子菜单中选择所要插入的分隔符即可,如图3-60所示。

图 3-60

　　执行"文字"|"插入分隔符"|"段落回车符"命令，效果如图3-61所示；执行"文字"|"插入分隔符"|"强制换行符"命令，效果如图3-62所示。

盼望着，盼望着，东风来了，春天的脚步近了。 　　一切都像刚睡醒的样子，欣欣然张开了眼。山朗润起来了，水涨起来了，太阳的脸红起来了。 　　小草偷偷地从土里钻出来，嫩嫩的，绿绿的。园子里，田野里，瞧去，一大片一大片满是的。坐着，躺着，打两个滚，踢几脚球，赛几趟跑，捉几回迷藏。	盼望着，盼望着，东风来了，春天的脚步近了。 　　一　　切　　都　　像　　刚睡醒的样子，欣欣然张开了眼。山朗润起来了，水涨起来了，太阳的脸红起来了。 　　小草偷偷地从土里钻出来，嫩嫩的，绿绿的。园子里，田野里，瞧去，一大片一大片满是的。坐着，躺着，打两个滚，踢几脚球，赛几趟跑，捉几回迷藏。风轻悄悄的，草软绵绵的。
图 3-61	图 3-62

3.3　项目符号和编号、脚注

　　InDesign不仅具有丰富的格式设置项，而且具有快速对齐文本的定位符，使用该功能可以方便、快速地对齐段落和特殊字符对象；同时也可以灵活地加入脚注，使版面内容更加丰富，便于读者阅览。

3.3.1　项目符号和编号

　　项目符号是指为每一段的开始添加符号，编号是指为每一段的开始添加序号。如果向添加了编号列表的段落中添加段落或从中移去段落，则其中的编号会自动更新。

1. 项目符号

在需要添加项目符号的段落中单击，在"段落"面板中单击菜单按钮，在弹出的菜单中选择"项目符号和编号"命令，打开"项目符号和编号"对话框，单击"列表类型"选项后的下三角按钮，在弹出的下拉列表中选择"项目符号"选项，如图3-63所示。在"项目符号字符"列表框中单击需要添加的符号，单击"确定"按钮，即可更改项目符号。

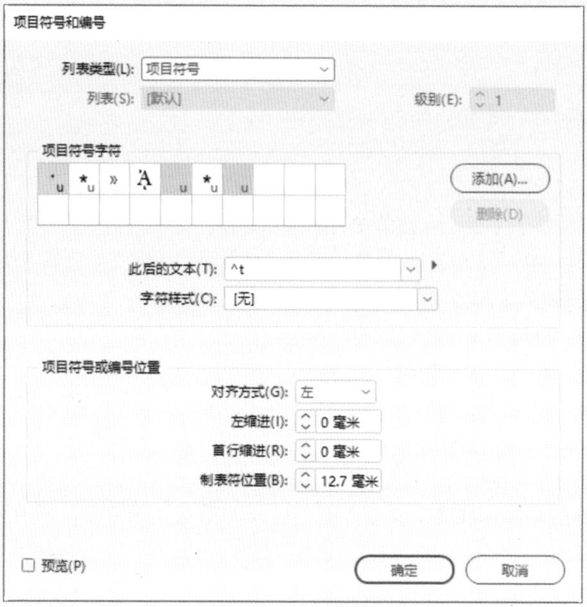

图 3-63

若单击"添加"按钮，将弹出"添加项目符号"对话框，从中可以设置"字体系列"和"字体样式"选项，如图3-64所示。在需要添加的符号上单击，最后单击"确定"按钮即可添加项目符号。

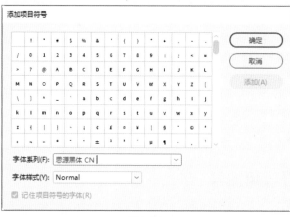

图 3-64

2. 编号

在"项目符号和编号"对话框的"列表类型"下拉列表框中选择"编号"选项，可以为选择的段落添加编号，如图3-65所示。

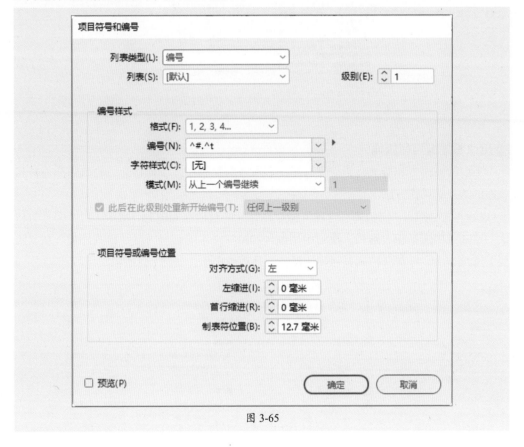

图 3-65

3.3.2 脚注

脚注一般位于页面的底部，可以作为文档某处内容的注释，本小节将对脚注的创建、编辑、删除等操作进行介绍。

1. 创建脚注

脚注由两个部分组成：显示在文本中的脚注引用编号，以及显示在栏底部的脚注文本。可以创建脚注或从Word及RTF文档中导入脚注。将脚注添加到文档中时，脚注会自动编号，且每篇文章都会重新编号。可控制脚注的编号样式、外观和位置，但不能将脚注添加到表或脚注文本中。

在希望脚注引用编号出现的地方单击，执行"文字"|"插入脚注"命令，输入脚注文本，如图3-66所示。

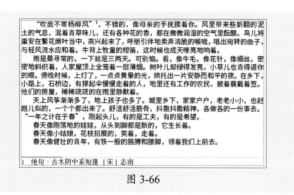

图 3-66

②. 更改脚注编号和版面

更改脚注编号和版面将影响现有脚注和所有新建脚注，下面将介绍更改脚注编号和版面的选项的操作方法。

执行"文字"|"文档脚注选项"命令，打开的对话框如图3-67所示。在"编号与格式"选项卡中选择相关选项，决定引用编号和脚注文本的编号方案及格式外观。在"版面"选项卡中，可选择控制页面脚注部分的外观的选项，如图3-68所示。

图 3-67

图 3-68

③. 删除脚注

要删除脚注，选择文本中显示的脚注引用编号，按空格键（Backspace）或Delete键即可。如果仅删除脚注文本，则脚注引用编号和脚注结构将被保留下来。

3.4 文本绕排

InDesign可以对任何图形框使用文本绕排，当对一个对象应用文本绕排时，InDesign会为这个对象创建边界以阻碍文本。

选择"窗口"|"文本绕排"命令，弹出"文本绕排"面板，如图3-69所示。

图 3-69

3.4.1 沿定界框绕排

选择"文字工具"创建文本框并输入文字，执行"文件"|"置入"命令，在"置入"对话框中选择图片素材，默认为无文本绕排，如图3-70所示。在"文本绕排"面板中单击"沿界定框绕排"按钮 ，效果如图3-71所示。

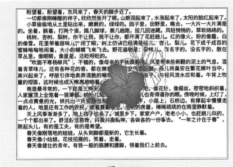

图 3-70

图 3-71

在"文本绕排"面板中不仅可以设置四周偏移的参数，还可在"绕排至"下拉列表框中设置选项为"左侧""右侧""左侧和右侧""朝向书脊侧""背向书脊侧"以及"最大区域"，如图3-72、图3-73所示。

图 3-72

图 3-73

3.4.2　沿对象形状绕排

　　"沿对象形状绕排"也称为"轮廓绕排"，绕排边缘和图片形状相同。在"轮廓选项"选项组的"类型"下拉列表框中有"定界框""检测边缘""Alpha通道""Photoshop路径""图形框架""与剪切路径相同"和"用户修改的路径"选项，如图3-74所示。

图 3-74

　　"轮廓选项"选项组的"类型"下拉列表中主要选项的功能介绍如下。

● **定界框：** 将文本绕排至由图像的高度和宽度构成的矩形。

● **图形框架：** 用容器框架生成边界。

● **与剪切路径相同：** 用导入图像的剪切路径生成边界。

● **用户修改的路径：** 与其他图形路径一样，可以使用"直接选择工具"和"钢笔工具"调整文本绕排边界与形状。

　　如图3-75、图3-76所示为"定界框""Alpha通道"的效果。

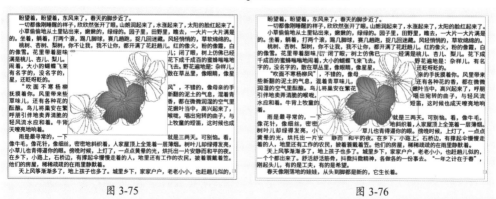

图 3-75　　　　　　　　　　　　　　　　　图 3-76

3.4.3　上下型绕排

上下型绕排是将图片所在栏中左右的文本全部排开至图片的上方和下方。单击"上下型绕排"按钮 ，如图3-77所示。移动图形框架，文本也随之变动，如图3-78所示。

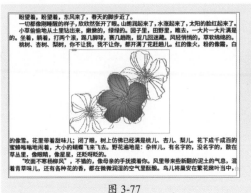

图 3-77

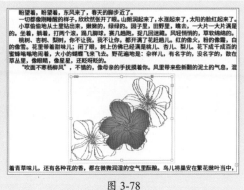

图 3-78

3.4.4　下型绕排

下型绕排是将图片所在栏中图片上边缘以下的所有文本都排开至下一栏。单击"下型绕排"按钮 ，如图3-79所示。移动图形框架，文本也随之变动，如图3-80所示。

图 3-79

图 3-80

知识链接　　在选择一种绕排方式后，可设置输入"偏移值"和"轮廓选项"两项的值。其中各选项介绍如下：

（1）输入偏移值。正值表示文本向外远离绕排边缘，负值表示文本向内进入绕排边缘。

（2）"轮廓选项"仅在使用"沿形状绕排"时可用，可以指定使用何种方式定义绕排边缘，可选择项有：图片边缘（图片的外形）、探测边缘、Alpha通道、Photoshop路径（在Photoshop中创建的路径，不一定是剪辑路径）、图片框（容纳图片的图片框）和剪辑路径。

自己练／设计与制作企业内刊

案例路径 云盘\实例文件\第3章\自己练\设计与制作企业内刊

项目背景 企业内刊承载了一个企业的文化，设计一个好的企业内刊，则会让其成为推动企业健康发展的一面强有力的战旗。

项目要求 ①设计风格要简洁，以蓝色为主。

②内容排版需图文并茂，简单易读。

③设计规格为230mm×420mm。

项目分析 选择"矩形工具"和"钢笔工具"搭配颜色工具绘制背景部分，使用"文字工具"输入文字并进行设置，最后使用"多边形框架工具"绘制框架，置入图像即可。参考效果如图3-81所示。

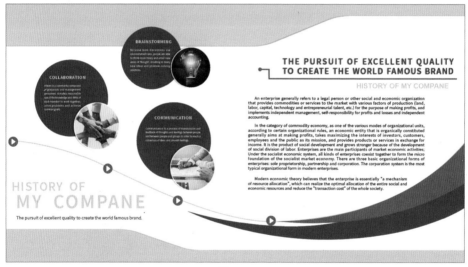

图 3-81

课时安排 2课时。

InDesign

第4章

制作宣传页
——框架应用详解

本章概述

　　框架可以作为文本或其他对象的容器，在版面设计中，使用框架可以省去较为复杂的操作过程，并能设计出较为满意的图片效果。本章将主要介绍如何创建和编辑框架，以及图层和效果的应用。

要点难点

- 框架的转换 ★☆☆
- 编辑框架内容 ★★☆
- 创建图层 ★☆☆
- 效果的应用 ★★☆

跟我学 设计与制作宠物店宣传页

学习目标 宣传页是常见的一种宣传手段，纸张大小不一、印刷效果各异。通过练习本案例的制作，可学会使用直接选择工具对矩形的可编辑转角进行调整；熟练掌握框架与置入图像的搭配使用等。

案例路径 云盘 \ 实例文件 \ 第4章 \ 跟我学 \ 设计与制作宠物店宣传页

步骤 01 执行"文件" | "新建" | "文档"命令，在弹出的"新建文档"对话框中设置参数，如图4-1所示。

步骤 02 单击"边距和分栏"按钮，在弹出的"新建边距和分栏"对话框中设置参数，如图4-2所示。

图 4-1

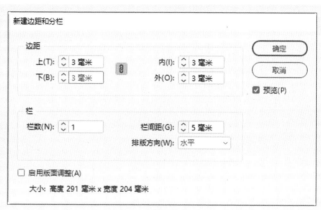

图 4-2

步骤 03 选择"矩形工具"绘制矩形，设置填充颜色，描边为无，如图4-3所示。

步骤 04 在控制面板中设置参数，如图4-4所示。

图 4-3

图 4-4

步骤 05 选择"矩形工具"绘制矩形，设置填充颜色，描边为无，如图4-5所示。

步骤 06 单击黄色控制点编辑转角，按住Shift键单击左下角和右下角的锚点向内拖动，如图4-6所示。

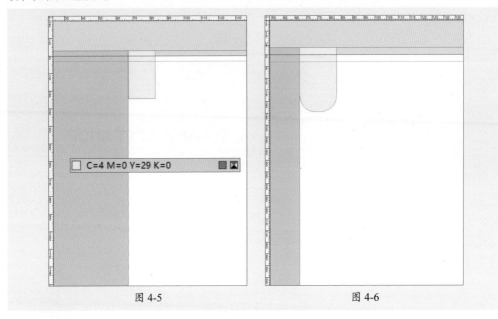

图 4-5   图 4-6

步骤 07 按住Shift+Alt组合键水平向右移动，按Ctrl+Shift+Alt+D组合键连续复制，如图4-7所示。

步骤 08 按住Shift键每隔一个单击，选中部分半圆角矩形，更改填充颜色，如图4-8所示。

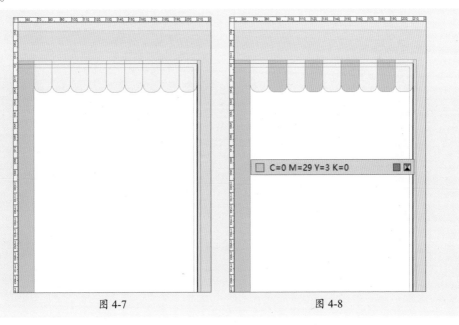

图 4-7   图 4-8

步骤 **09** 按住Shift+Alt组合键水平向右移动，按Ctrl+Shift+Alt+D组合键连续复制，如图4-9所示。

步骤 **10** 选择"文字工具"拖动绘制文本框，输入文字，在控制面板中设置参数，如图4-10所示。

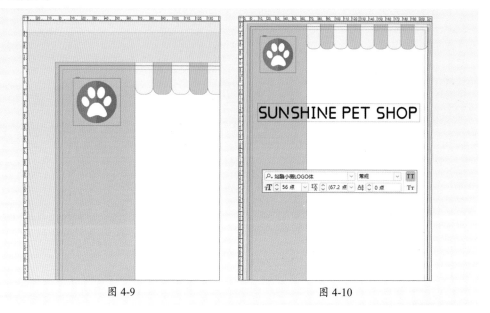

图 4-9   图 4-10

步骤 **11** 选中文字，在控制面板中单击"顺时针旋转90°"按钮，并移至合适位置，如图4-11所示。

步骤 **12** 更改文字颜色，如图4-12所示。

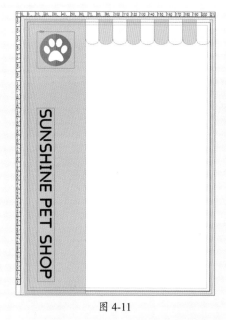 

图 4-11   图 4-12

步骤13 选择"椭圆框架工具",按住Shift键绘制正圆框架,如图4-13所示。

步骤14 选中圆形框架,按住Shift+Alt组合键移动复制,按住Ctrl+Shift+Alt+D组合键连续复制,如图4-14所示。

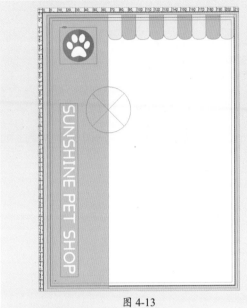

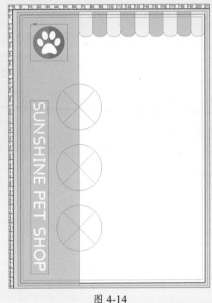

图 4-13   图 4-14

步骤15 分别选择框架,执行"文件"|"置入"命令,在弹出的对话框中置入素材图像,并调整大小,如图4-15所示。

步骤16 框选3个框架,在控制面板中设置描边参数,如图4-16所示。

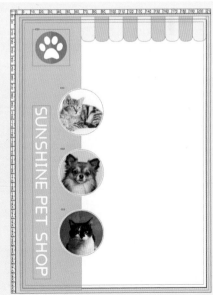

图 4-15   图 4-16

置入的图像在默认情况下以低分辨率显示图像以提高性能。选中目标图像，执行"视图"|"显示性能"命令，在子菜单中可对整个画面的显示方式进行更改，如图4-17所示。

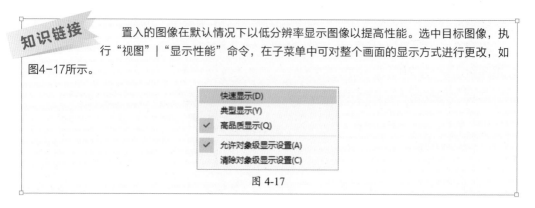

图 4-17

步骤17 选择"文字工具"拖动绘制文本框，输入文字，在控制面板中设置参数，如图4-18所示。

步骤18 按住Alt键复制文本框并更改文字和字间距，如图4-19所示。

图 4-18

图 4-19

步骤19 选择"直线工具"，按住Shift键绘制直线，在控制面板中更改参数，如图4-20所示。

图 4-20

步骤 20 选择"文字工具"拖动绘制文本框，输入文字，在控制面板中设置参数，如图4-21所示。

步骤 21 在工具箱中单击"格式针对文本"按钮**T**，选中文字后，选择"吸管工具"吸取Logo中深色的颜色进行填充，如图4-22所示。

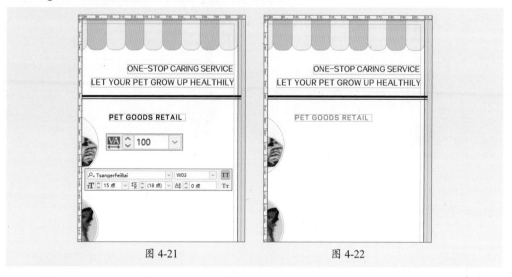

<table>
<tr><td>图 4-21</td><td>图 4-22</td></tr>
</table>

步骤 22 选择"文字工具"拖动绘制文本框，输入文字，在控制面板中设置参数，如图4-23所示。

步骤 23 选中文字，在控制面板中设置"首行左缩进"为6毫米，如图4-24所示。

<table>
<tr><td>图 4-23</td><td>图 4-24</td></tr>
</table>

步骤 24 框选文字组，按住Shift+Alt组合键垂直移动复制，按Ctrl+Shift+Alt+D组合键连续复制，如图4-25所示。

步骤 25 更改文字，如图4-26所示。

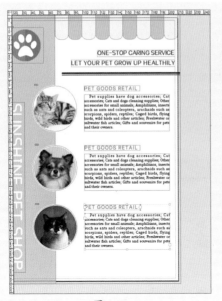
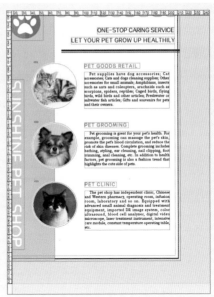

图 4-25 图 4-26

步骤 26 选择"文字工具"拖动绘制文本框，输入文字，在控制面板中设置参数，如图4-27所示。

步骤 27 框选文字，在控制面板中单击"全部强制对齐"按钮▦，如图4-28所示。

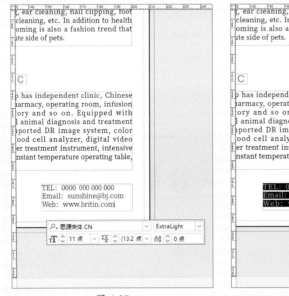

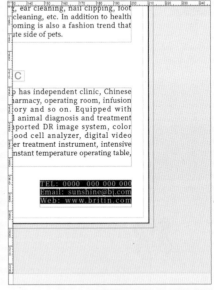

图 4-27 图 4-28

步骤 28 选择"矩形工具"绘制矩形，选择"吸管工具"吸取粉色进行填充，如图4-29所示。

步骤 29 选择"矩形工具"绘制矩形，选择"吸管工具"吸取黄色进行填充，按住 Alt键移动复制到合适位置，并更改其宽度，如图4-30所示。

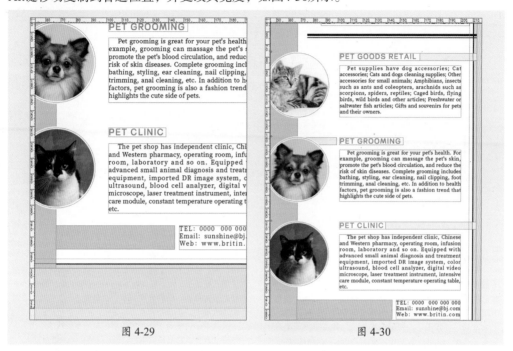

图 4-29   图 4-30

步骤 30 最终效果如图4-31所示。

图 4-31

至此，完成宠物店宣传页的制作。

听我讲 Listen to me

4.1 认识框架

在InDesign中，框架是文档版面的基本构造块，框架中可以包含文本或图形。文本框架确定了文本要占用的区域以及文本在版面中的排列方式。图形框架可以充当边框和背景，并对图形进行裁切或添加蒙版。

4.1.1 文本框架

InDesign提供了两种类型的文本框架，即文本框架和框架网格。两种框架类型是可以相互转换的。例如，选择文本框架，执行"对象"|"框架类型"|"框架网格"命令，前后效果如图4-32、图4-33所示。

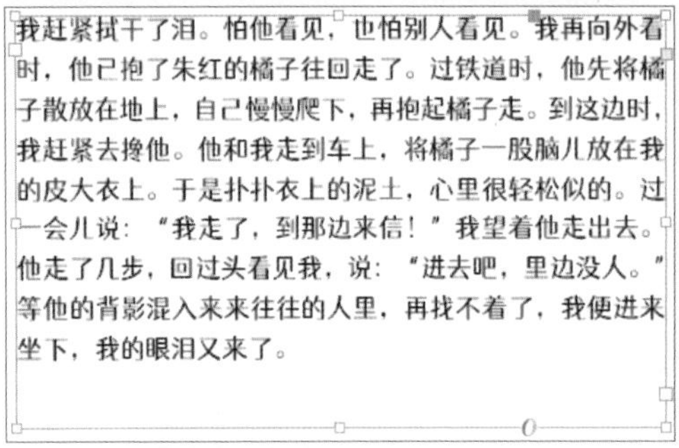

图 4-32

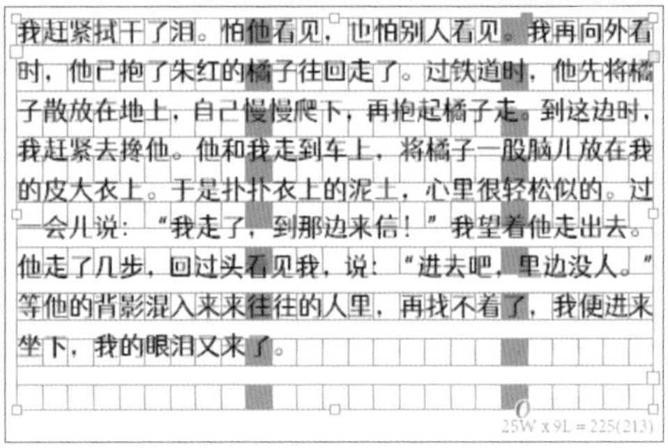

图 4-33

💬 技巧点拨

若要根据网格属性重新设置文本格式，在选中框架网格后，可执行"编辑"|"应用网格格式"命令，效果如图4-34所示。

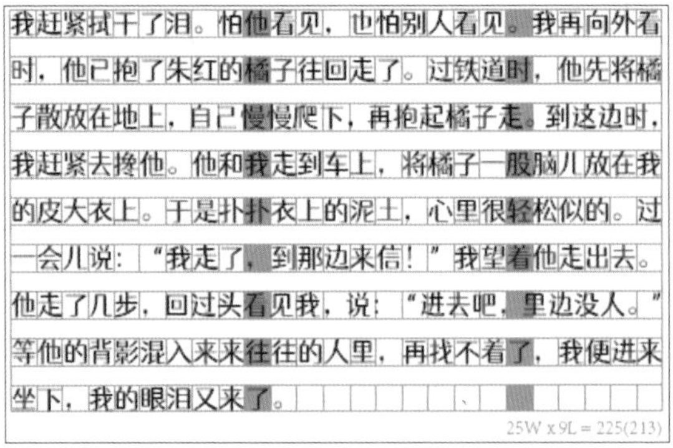

图 4-34

4.1.2 图形框架

在InDesign中，置入的外部图形图像都将包含在一个矩形框内，通常将这个矩形框称为图形框架。

1. 创建图形框架

可以选择工具箱中的工具绘制图形框架。

（1）右击"钢笔工具"按钮，在弹出的下拉列表中可选择"钢笔工具""添加锚点工具""删除锚点工具"和"转换方向点工具"，如图4-35所示。

（2）右击"框架工具"按钮，在弹出的下拉列表中可选择"矩形框架工具""椭圆框架工具"和"多边形框架工具"，如图4-36所示。

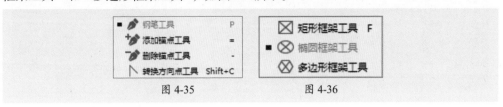

图 4-35   图 4-36

三种框架工具所创建的几何框架如图4-37、图4-38、图4-39所示。

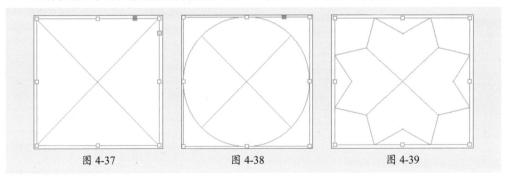

图 4-37   图 4-38   图 4-39

2. 编辑图形框架

将内容直接置入或者粘贴到路径内部，路径可以转化为框架。由于框架只是路径的容器版本，因此，任何可以对路径执行的操作都可以对框架执行，如为其填色、描边，或者使用"钢笔工具"编辑框架本身的形状，如图4-40、图4-41、图4-42所示。

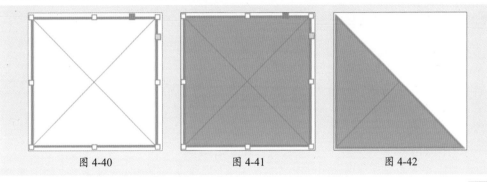

图 4-40   图 4-41   图 4-42

3. 置入图像到图形框架

使用绘图工具和框架工具绘制图形框架后，执行"文件"|"置入"命令或者"复制/贴入内部"命令，将图像放置到框架内。图形框架裁切图片时，通过用户更改框的大小来裁切，框是可见的，如图4-43、图4-44所示。

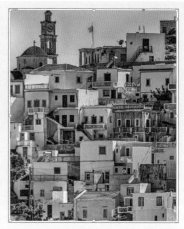

图 4-43   图 4-44

知识链接   若要更改置入的图像，只需选择新的图像，执行"置入"命令，不需要先删除再置入。

4.2　编辑框架内容

在InDesign中，可以对选定的框架进行不同形式的编辑，如删除框架内容、移动图形框架及其内容、设置框架适合选项、创建边框和背景以及裁剪对象等。

4.2.1　选择、删除、剪切框架内容

使用选择、删除和剪切框架工具，可以根据自己的需求操作，此工具让制作更加方便简洁，具体使用方法如下所示。

1. 选择框架内容

使用"直接选择工具" ▷可选取框架中的内容，选择框架内容的方法有以下几种。

（1）若要选择一个图形或文本框架，则可使用"直接选择工具" ▷选择对象，如图4-45所示。

（2）若要选择文本字符，则可使用"文字工具"选择这些字符，如图4-46所示。

图 4-45

这几天心里颇不宁静。今晚在院子里坐着乘凉，忽然想起日日走过的荷塘，在这满月的夜里，总该另有一番样子吧。月亮渐渐地升高了，墙外马路上孩子们的欢笑，已经听不见了；妻在屋里拍着闰儿，迷迷糊糊地哼着眠歌。我悄悄地披了大衫，带上门出去。

沿着荷塘，是一条曲折的小煤屑路。这是一条幽僻的路；白天也少人走，夜晚更加寂寞。荷塘四周，长着许多树，蓊蓊郁郁的。路的一旁，是些杨柳，和一些不知道名字的树。没有月光的晚上，这路上阴森森的，有些怕人。今晚却很好，虽然月光也还是淡淡的。

图 4-46

2. 删除框架内容

使用"直接选择工具"选择要删除的框架内容，按Delete键或空格键（Backspace），或者将项目拖曳至"删除"图标按钮上，即可删除框架内容。

3. 剪切框架内容

使用"直接选择工具"选择要剪切的框架内容，执行"编辑"|"剪切"命令，在要放置内容的版面上执行"编辑"|"粘贴"命令，粘贴时有多种方式可以选择，如图4-47所示。

编辑(E) 版面(L) 文字(T) 对象(O) 表(A) 视图(V)	
还原"调整项目大小"(U)	Ctrl+Z
重做(R)	Ctrl+Shift+Z
剪切(T)	Ctrl+X
复制(C)	Ctrl+C
粘贴(P)	Ctrl+V
粘贴时不包含格式(W)	Ctrl+Shift+V
贴入内部(K)	Ctrl+Alt+V
原位粘贴(I)	
粘贴时不包含网格格式(Z)	Ctrl+Alt+Shift+V
清除(L)	Backspace

图 4-47

4.2.2 替换框架内容

InDesign在制作作品时可直接替换框架中原有内容，既方便又快捷。使用"直接选择工具"在框架上单击，选中框架中原有的内容，如图4-48所示。执行"文件"|"置入"命令，在弹出"置入"对话框中选择替换的图像即可，如图4-49所示。

知识链接　　执行"窗口"|"链接"命令，在"链接"面板中单击"重新链接"按钮，也可以替换框架中的内容。

图 4-48　　　　　　　　　　　　　　　　图 4-49

4.2.3　移动框架

如果要将框架和内容一起移动，那么可以使用"选择工具" ▶。如果要移动导入内容而不移动框架，那么可以使用"直接选择工具" ▷，将"直接选择工具"放置到导入图形上时，光标会自动变为抓手工具，随后进行拖动即可移动所导入的内容，如图4-50、图4-51所示。

图 4-50　　　　　　　　　　　　　　　　图 4-51

知识链接　　　　"直接选择工具"只可调整框架内的图像，不可调整框架的位置。使用"选择工具"也可以在不移动框架的情况下移动图像，只需双击图像显示棕色的原图像框，拖动即可进行移动调整。

4.2.4　调整框架

默认情况下，将一个对象放置或粘贴到框架中时，若框架和其内容的大小不同，在框架上右击，在弹出的菜单中选择"适合"|"按比例填充框架"命令，如图4-52所示，可以实现框架和图片的自动适合，如图4-53所示。

图 4-52 图 4-53

"适合"下的子命令会调整内容的外边缘以适合框架描边的中心。如果框架的描边较粗，内容的外边缘将被遮盖。可以将框架的描边对齐方式调整为与框架边缘的中心、内边或外边对齐。即选择对象的框架后，执行"对象"|"适合"子菜单项中的命令，如图4-54所示。

适合(F)	>	按比例填充框架(L)	Ctrl+Alt+Shift+C
内容(C)	>	按比例适合内容(P)	Ctrl+Alt+Shift+E
效果(E)	>	使框架适合内容(F)	
角选项(I)...		使内容适合框架(C)	
对象图层选项(J)...		内容居中(N)	
对象导出选项...		清除框架适合选项(R)	
题注	>	框架适合选项(E)...	

图 4-54

该菜单项下的主要命令介绍如下。

● **按比例填充框架**：调整内容大小以填充整个框架，同时保持内容的比例，框架的尺寸不会更改，如果内容和框架的比例不同，框架的外框将会裁剪部分内容。

知识链接　　使用"直接选择工具"选择框架，通过查看控制面板中的"X水平缩放百分比"和"Y垂直缩放百分比"数值可以判断框架中图像的缩放，大于100%是放大，小于100%则是缩小。

● **按比例适合内容**：调整内容大小以适合框架，同时保持内容的比例，框架的尺寸不会更改，如果内容和框架的比例不同，将会导致一些空白区，如图4-55所示。
● **使框架适合内容**：调整框架大小以适合其内容，如图4-56所示。如有必要，可改变框架的比例以匹配内容的比例。要使框架快速适合其内容，可双击框架上的任一角手柄，框架将向远离单击点的方向调整大小。如果单击边手柄，则框架仅在该维空间调整大小。

图 4-55　　　　　　　　　　　　　　　　图 4-56

- **使内容适合框架**：调整内容大小以适合框架并允许更改内容比例。框架不会更改，但是如果内容和框架具有不同比例，则内容可能显示为拉伸状态，如图4-57所示。
- **内容居中**：将内容放置在框架的中心，框架及其内容的比例会被保留，内容和框架的大小不会改变，如图4-58所示。

图 4-57　　　　　　　　　　　　　　　　图 4-58

- **清除框架适合选项**：清除框架适合选项中的设置，将其中的参数变为默认状态。若要将对象还原为设置框架适合选项前的状态，需先执行"清除框架适合选项"命令，再选择"框架适合选项"命令，直接单击"确定"按钮即可。需要注意的是，在执行"清除框架适合选项"命令之前，必须使用"选择工具"选中对象，而非使用"直接选择工具"。

知识链接　　　可以在控制面板中单击按钮快捷地调整框架组，如图4-59所示。

图 4-59

4.3 使用图层

每个文档都至少包含一个已命名的图层，通过使用多个图层，可以创建和编辑文档中的特定区域或各种内容，而不会影响其他区域或其他种类的内容。还可以使用图层来为同一个版面显示不同的设计思路，或者为不同的区域显示不同版本的广告。

4.3.1 创建图层

执行"窗口"|"图层"命令，弹出"图层"面板，单击面板底部的"创建新图层"按钮可创建新图层，如图4-60所示。

图 4-60

知识链接 若要在选定图层上方创建一个新图层，则可在按住Ctrl键的同时单击"创建新图层"按钮。若要在所选图层下方创建新图层，则可在按住Ctrl+Alt组合键的同时单击"创建新图层"按钮。

4.3.2 编辑图层

InDesign CC拥有强大的图层功能，可以将页面中不同类型的对象置于不同的图层中，便于用户进行编辑和管理。此外，对于图层中不同类型的对象，还可以设置透明度、投影、羽化等多种特殊效果，使出版物的页面效果更加丰富、完美。

1.图层选项

双击现有的图层，弹出"图层选项"对话框，如图4-61所示。

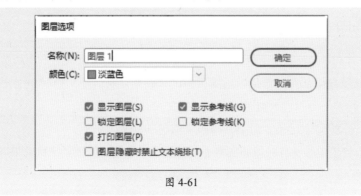

图 4-61

该对话框中主要选项的功能介绍如下。

- **颜色：**指定颜色以标识该图层上的对象，在"颜色"下拉列表可为图层指定一种颜色。
- **显示图层：**选择此选项以使图层可见。
- **显示参考线：**选择此选项可以使图层上的参考线可见。若没有为图层选择此选项，即使执行"视图"｜"显示参考线"命令，参考线也不可见。
- **锁定图层：**选择此选项可以防止对图层上的任何对象进行更改。
- **锁定参考线：**选择此选项可以防止对图层上的所有标尺参考线进行更改。
- **打印图层：**选择此选项可允许图层被打印。当打印或导出至PDF时，可以决定是否打印隐藏图层和非打印图层。
- **图层隐藏时禁止文本绕排：**在图层处于隐藏状态并且该图层包含应用了文本绕排的文本时，如果要使其他图层上的文本正常排列，则选择此选项。

2. 图层颜色

指定图层颜色便于区分不同选定对象的图层。对于包含选定对象的每个图层，"图层"面板都将以该图层的颜色显示一个点，如图4-62所示。

图 4-62

4.4 应用效果

执行"窗口"｜"效果"命令，在弹出的"效果"面板中单击右上角的菜单按钮 ≡，在弹出的下拉菜单中选择"效果"选项，弹出"效果"对话框，如图4-63所示。

可在"设置"下拉列表中设置要更改的部分。

- **对象：**影响整个对象（包括其描边、填色和文本）。
- **组：**影响组中的所有对象和文本（可以使用"直接选择工具"将效果应用于组中的对象）。

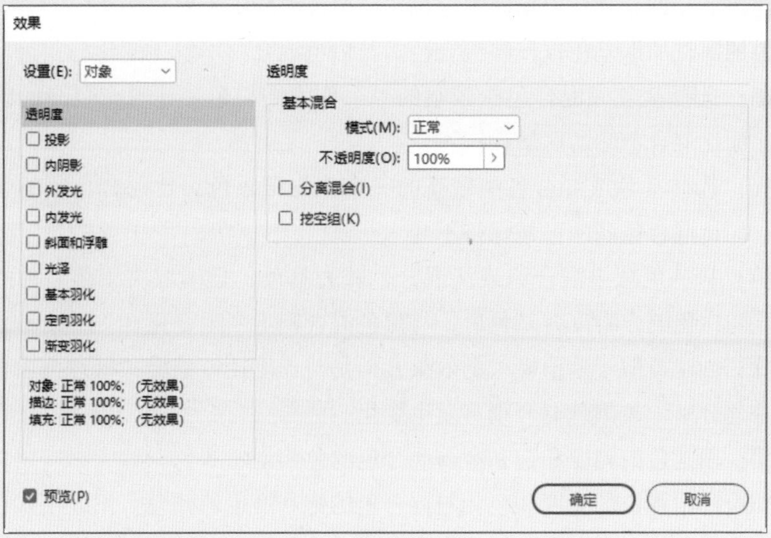

图 4-63

- **描边：**仅影响对象的描边（包括其间隙颜色）。
- **填色：**仅影响对象的填色。
- **文本：**仅影响对象中的文本而不影响文本框架。应用于文本的效果将影响对象中的所有文本；不能将效果应用于个别单词或字母。

4.4.1 透明度

在"透明度"选项组中，可以指定对象的不透明度以及与其下方对象的混合方式，既可以选择对特定对象执行分离混合，也可以选择让对象挖空某个组中的对象，而不是与之混合。

1. 混合模式

在"模式"下拉列表中有16种模式可供选择。

- **正常：**在不与基色相作用的情况下，采用混合色为选区着色。此模式为默认模式。
- **正片叠底：**将基色与混合色相乘，得到的颜色总是比基色和混合色都要暗一些。任何颜色与黑色正片叠底产生黑色，任何颜色与白色正片叠底保持不变。
- **滤色：**将混合色的反相颜色与基色相乘，得到的颜色总是比基色和混合色都要亮一些。用黑色过滤时颜色保持不变，用白色过滤将产生白色。
- **叠加：**对颜色进行正片叠底或过滤，具体取决于基色。图案或颜色叠加在现有的图稿上，在与混合色混合以反映原始颜色的亮度和暗度的同时，保留基色的高光和阴影。
- **柔光：**使颜色变暗或变亮，具体取决于混合色。
- **强光：**对颜色进行正片叠底或过滤，具体取决于混合色。

- **颜色减淡：**加亮基色以反映混合色。与黑色混合则不发生变化。
- **颜色加深：**加深基色以反映混合色。与白色混合则不发生变化。
- **变暗：**选择基色或混合色中较暗的一个作为结果色。比混合色亮的区域将被替换，而比混合色暗的区域保持不变。
- **变亮：**选择基色或混合色中较亮的一个作为结果色。比混合色暗的区域将被替换，而比混合色亮的区域保持不变。
- **差值：**从基色减去混合色或从混合色减去基色，具体取决于哪一种的亮度值较大。与白色混合将反转基色值；与黑色混合则不产生变化。
- **排除：**创建类似于差值模式的效果，但是对比度比差值模式低。与白色混合将反转基色分量，与黑色混合则不发生变化。
- **色相：**用基色的亮度和饱和度与混合色的色相创建颜色。
- **饱和度：**用基色的亮度和色相与混合色的饱和度创建颜色。用此模式在没有饱和度（灰色）的区域中上色，将不会产生变化。
- **颜色：**用基色的亮度与混合色的色相和饱和度创建颜色。它可以保留图稿的灰阶，对于给单色图稿上色和给彩色图稿着色都非常有用。
- **亮度：**用基色的色相及饱和度与混合色的亮度创建颜色。此模式创建与颜色模式相反的效果。

2. 不透明度

　　默认情况下，创建对象或描边、应用填色或输入文本时，这些项目显示为实底状态，即不透明度为100%。在"不透明度"后面的文本框中可以直接输入数值，也可以单击文本框旁边的箭头按钮，调整数值。如图4-64、图4-65所示分别为100%（不透明）和50%（半透明）的效果。

图 4-64

图 4-65

3. 分离混合

　　在对象上应用混合模式时，其颜色会与它下面的所有对象混合。若将混合范围限制于特定对象，可以先对目标对象进行编组，然后对该组应用"分离混合"选项。

4. 挖空组

让选定组中每个对象的不透明度和混合属性挖空（即在视觉上遮蔽）组中底层对象。只有选定组中的对象才会被挖空。选定组下面的对象将会受到应用于该组中对象的混合模式或不透明度的影响。

知识链接　　混合模式应用于单个对象，而"分离混合"与"挖空组"选项则应用于组。

4.4.2　投影

可以使用投影效果创建三维阴影；可以让投影沿X轴或Y轴偏离；还可以改变混合模式、颜色、不透明度、距离、角度以及投影的大小，增强空间感和层次感。

选择目标对象，单击 f_x 按钮，在弹出的菜单中选择"投影"选项，打开"效果"对话框，如图4-66所示。

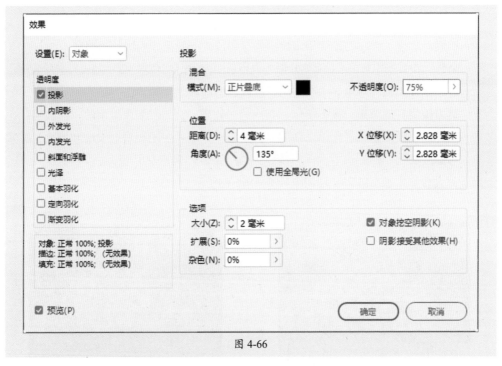

图 4-66

该对话框中主要选项的功能介绍如下。

● **模式**：设置透明对象中的颜色如何与其下面的对象相互作用。适用于投影、内阴影、外发光、内发光和光泽效果。

● **设置投影颜色■**：单击按钮，在弹出的"效果颜色"对话框中设置投影的颜色，如图4-67所示。在该对话框中可以选择已有的色板颜色，还可以在"颜色"下拉列表中设置其他颜色模式，调整其颜色参数。

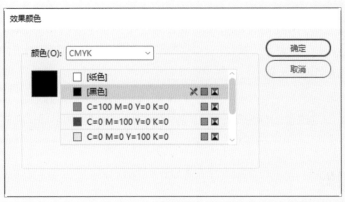

图 4-67

- **距离**：设置投影、内投影或光泽的位移效果。
- **角度**：设置应用光源效果的光源角度，0为底边，90为对象正上方。
- **使用全局光**：将全局光设置应用于投影。
- **大小**：设置投影或发光应用的量。
- **扩展**：确定"大小"设置中多设定的投影或发光效果中模糊的透明度。
- **杂色**：设置指定数值或拖移滑块时发光不透明度或投影不透明度中随机元素的数量。
- **对象挖空阴影**：对象显示在它所投射投影的前面。
- **阴影接受其他效果**：投影中包含其他透明效果。例如，如果对象的一侧被羽化，则可以使投影忽略羽化，以便阴影不会淡出，或者使阴影看上去已经羽化，就像对象被羽化一样。

应用"投影"前后效果分别如图4-68、图4-69所示。

图 4-68

图 4-69

知识链接　在Adobe系列软件中为图像添加投影效果，只有Photoshop可以直接拖动图像中的投影进行调整，其他的软件只能在对话框中调整距离参数。

4.4.3　内阴影

内阴影效果将阴影置于对象内部，给人以对象凹陷的印象。可以让内阴影沿不同轴偏离，并可以改变混合模式、不透明度、距离、角度、大小、杂色和阴影的收缩量。

选择目标对象，单击 fx 按钮，在弹出的菜单中选择"内阴影"选项，打开"效果"对话框，如图4-70所示。

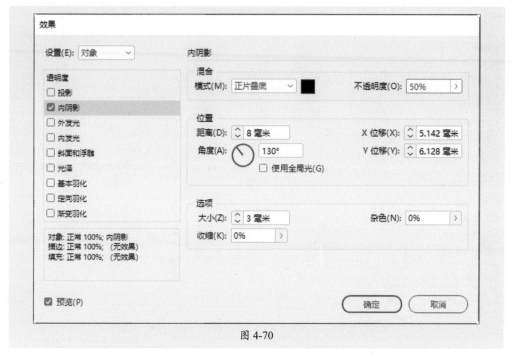

图 4-70

应用"内阴影"前后效果分别如图4-71、图4-72所示。

图 4-71

图 4-72

💬 **技巧点拨**

在该对话框中，"大小"参数的值越大，内阴影效果越自然。

4.4.4　外发光

外发光效果使光从对象下面发射出来，可以设置混合模式、不透明度、方法、杂色、大小和扩展。

选择目标对象，单击 fx 按钮，在弹出的菜单中选择"外发光"选项，打开"效果"对话框，如图4-73所示，可以在"方法"下拉列表框中选择外发光的过渡方式："柔和"与"精确"。

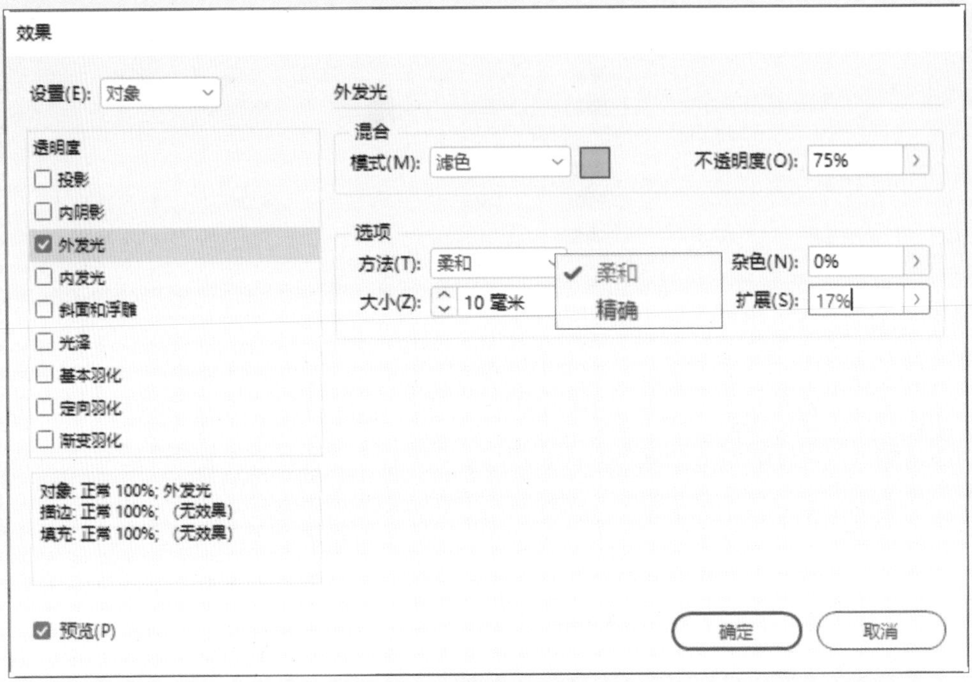

效果

设置(E): 对象

透明度
☐ 投影
☐ 内阴影
☑ 外发光
☐ 内发光
☐ 斜面和浮雕
☐ 光泽
☐ 基本羽化
☐ 定向羽化
☐ 渐变羽化

对象: 正常 100%; 外发光
描边: 正常 100%; (无效果)
填充: 正常 100%; (无效果)

☑ 预览(P)

外发光

混合
模式(M): 滤色　　　　　　不透明度(O): 75%

选项
方法(T): 柔和　　　　✓ 柔和　　　杂色(N): 0%
大小(Z): ↕ 10 毫米　　　精确　　　扩展(S): 17%

确定　　　取消

图 4-73

应用"外发光"前后效果分别如图4-74、图4-75所示。

图 4-74

图 4-75

4.4.5　内发光

内发光效果使对象从内向外发光，可以选择混合模式、不透明度、方法、大小、杂色、收缩设置以及源设置。选择目标对象，单击 *fx* 按钮，在弹出的菜单中选择"内发光"选项，打开"效果"对话框，如图4-76所示。

图 4-76

应用"内发光"前后效果分别如图4-77、图4-78所示。

图 4-77

图 4-78

4.4.6　斜面和浮雕

使用斜面和浮雕效果可以为对象添加高光和阴影，使其产生立体的浮雕效果。"结构"设置可以确定对象的大小和形状。选择目标对象，单击 *fx* 按钮，在弹出的菜单中选择"斜面和浮雕"选项，打开"效果"对话框，如图4-79所示。

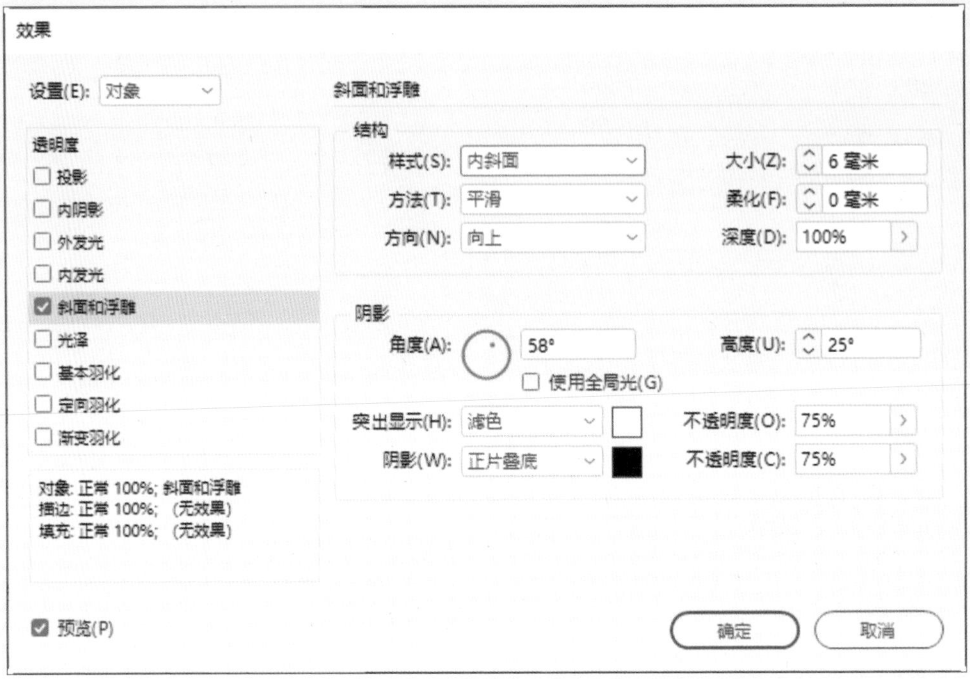

图 4-79

该对话框中主要选项的功能介绍如下。

- **样式：**指定斜面样式。"外斜面"会在对象的外部边缘创建斜面；"内斜面"会在内部边缘创建斜面；"浮雕"会模拟在底层对象上凸饰另一对象的效果；"枕状浮雕"会模拟将对象的边缘压入底层对象的效果。
- **大小：**确定斜面和浮雕效果的大小。
- **方法：**确定斜面和浮雕效果的边缘是如何与背景颜色相互作用的："平滑"可稍微模糊边缘；"雕刻柔和"也可模糊边缘，但与平滑方法不尽相同；"雕刻清晰"可以保留更清晰、更明显的边缘。
- **柔化：**除了使用方法设置外，还可以使用"柔化"来模糊效果，以此减少不必要的人工效果和粗糙边缘。
- **方向：**通过选择"向上"或"向下"，可将效果显示的位置上下移动。
- **深度：**指定斜面和浮雕效果的深度。
- **高度：**设置光源的高度。

- **使用全局光：** 应用全局光源，它是为所有透明效果指定的光源。选择此选项将覆盖任何角度和高度设置。

应用"斜面和浮雕"前后效果分别如图4-80、图4-81所示。

图 4-80　　　　　　　　　　　　　　　图 4-81

4.4.7　光泽

使用光泽效果可以为对象添加具有流畅且光滑光泽的内阴影，可以选择混合模式、不透明度、角度、距离、大小设置以及是否反转颜色和透明度。选择目标对象，单击 *fx.* 按钮，在弹出的菜单中选择"光泽"选项，打开"效果"对话框，如图4-82所示。

图 4-82

应用"光泽"前后效果分别如图4-83、图4-84所示。

图 4-83　　　　　　　　　　　　　　　　　图 4-84

4.4.8　基本羽化

使用羽化效果可按照指定的距离柔化（渐隐）对象的边缘。选择目标对象，单击 *fx*
按钮，在弹出的菜单中选择"基本羽化"选项，打开"效果"对话框，如图4-85所示。

图 4-85

该对话框中主要选项的功能介绍如下。

- **羽化宽度：** 用于设置对象从不透明渐隐为透明需要经过的距离。
- **收缩：** 与羽化宽度设置一起，确定将发光柔化为不透明和透明的程度；设置的值越大，不透明度越高；设置的值越小，透明度越高。
- **角点：** 在其下拉列表框中有三种形式可以选择。
  - ➤ **"锐化"：** 沿形状的外边缘（包括尖角）渐变。此选项适合于对星形对象，以及对矩形应用特殊效果。

> **"圆角"**：按羽化半径修成圆角；实际上，形状先内陷，然后向外隆起，形成两个轮廓。此选项应用于矩形时可取得良好效果。

> **"扩散"**：使对象边缘从不透明渐隐为透明。

● **杂色**：指定柔化发光中随机元素的数量。使用此选项可以柔化发光。

应用"基本羽化"前后效果分别如图4-86、图4-87所示。

图 4-86　　　　　　　　　　　　　图 4-87

4.4.9　定向羽化

定向羽化效果可使对象的边缘沿指定的方向渐隐为透明，从而实现边缘柔化。例如，可以将羽化应用于对象的上方和下方，而不是左侧或右侧。

选择目标对象，单击 f_x 按钮，在弹出的菜单中选择"定向羽化"选项，打开"效果"对话框，如图4-88所示。

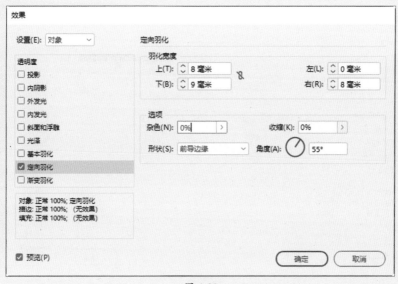

图 4-88

该对话框中主要选项的功能介绍如下。

- **羽化宽度：** 设置对象的上方、下方、左侧和右侧渐隐为透明的距离。单击"锁定"按钮可以将对象的每一侧渐隐相同的距离。

- **形状：** 通过选择一个选项（"仅第一个边缘""前导边缘"或"所有边缘"）可以确定对象原始形状的界限。

应用"定向羽化"前后效果分别如图4-89、图4-90所示。

图 4-89   图 4-90

4.4.10 渐变羽化

使用渐变羽化效果可以使对象所在区域渐隐为透明，从而实现此区域的柔化。选择目标对象，单击 *fx* 按钮，在弹出的菜单中选择"渐变羽化"选项，打开"效果"对话框，如图4-91所示。

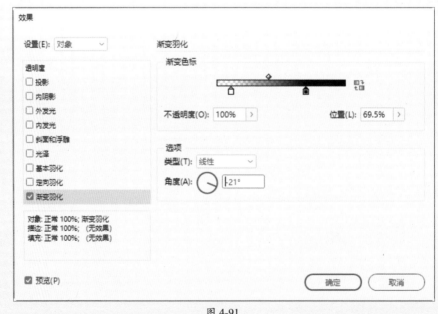

图 4-91

该对话框中主要选项的功能介绍如下。

● **渐变色标**：为每个要应用于对象的透明度渐变创建一个渐变色标。要创建渐变色标，可在渐变滑块下方单击（将渐变色标拖离滑块可以删除色标）；要调整色标的位置，将其向左或向右拖动，或者先选定它，然后拖动位置滑块；要调整两个不透明度色标之间的中点，可拖动渐变滑块上方的菱形，菱形的位置决定色标之间过渡的剧烈或渐进程度。

● **反向渐变**：单击此按钮，可以反转渐变的方向。

● **不透明度**：指定渐变点之间的透明度。先选定一点，然后拖动不透明度滑块。

● **位置**：调整渐变色标的位置。用于在拖动滑块或输入测量值之前选择渐变色标。

● **类型**："线性"表示以直线方式从起始渐变点渐变到结束渐变点；"径向"表示以环绕方式从起始点渐变到结束点。

● **角度**：对于线性渐变，用于确定渐变线的角度。

应用"渐变羽化"前后效果分别如图4-92、图4-93所示。

图 4-92　　　　　　　　　　　　　　图 4-93

读　书　笔　记

自己练／设计与制作消防宣传页

案例路径 云盘\实例文件\第4章\自己练\设计与制作消防宣传页

项目背景 受街道办事处的委托制作关于灭火方面的消防宣传页，其目的是提高居民的消防意识，懂得如何在火灾发生之后自救、保护自己。

项目要求 ①宣传页整体以红、黄为主。

②内容排版图文并茂，简单易读，搭配插画说明。

③设计规格为297mm×210mm。

项目分析 选择"矩形工具"和"钢笔工具"搭配"渐变工具"绘制背景部分，使用"文字工具"输入文字并进行设置，最后使用"多边形框架工具"绘制框架，置入图像即可。参考效果如图4-94所示。

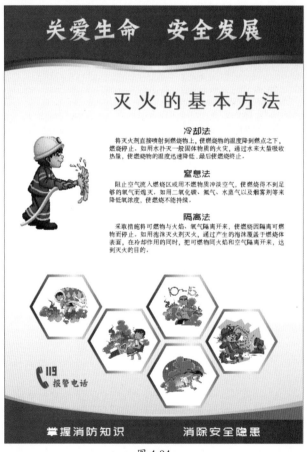

图 4-94

课时安排 2课时。

InDesign

第5章

制作报纸版面
——图文混排详解

本章概述

　　在版式设计中，文本排版处理是否合理，会直接影响整个版面的编排效果。本章将详细讲解处理大量文字需用到的串接文本，以及文本框架与框架网格的设置。

要点难点

- 定位对象 ★☆☆
- 创建串接文本 ★★☆
- 文本框架的设置 ★★★
- 框架网格 ★☆☆

跟我学 设计与制作文化创意快报

学习目标 报纸的种类多样化，其中包括新闻报、企业报、校园报等，但无论哪种类型的报纸，都涉及版面的排版。通过本实操案例，学会串接文本的创建以及文本框架内容的设置。

案例路径 云盘\实例文件\第5章\跟我学\设计与制作文化创意快报

1. 设计报纸 01 版

步骤 01 执行"文件"|"新建"|"文档"命令，在弹出的"新建文档"对话框中设置参数，如图5-1所示。

步骤 02 单击"边距和分栏"按钮，在弹出的"新建边距和分栏"对话框中设置参数，如图5-2所示。

图 5-1   图 5-2

步骤 03 执行"窗口"|"页面"命令，在弹出的"页面"面板中单击"页面3"，如图5-3所示。

步骤 04 执行"版面"|"边距和分栏"命令，在弹出的"边距和分栏"对话框中设置参数，如图5-4所示。

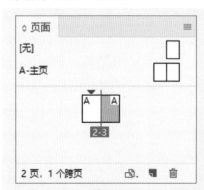

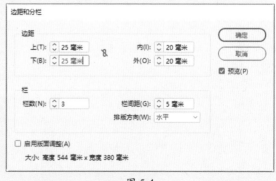

图 5-3   图 5-4

步骤 05 创建分栏后的效果如图5-5所示。

步骤 06 选择"矩形工具"绘制矩形，填充红色，描边为无，如图5-6所示。

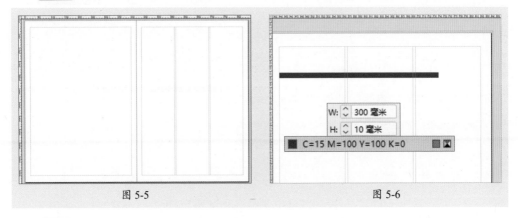

图 5-5 图 5-6

步骤 07 选择"文字工具"拖动绘制文本框并输入文字，执行"窗口"|"文字和表"命令，在弹出的"字符"面板中设置参数，如图5-7、图5-8所示。

图 5-7 图 5-8

步骤 08 选择"文字工具"，将光标放在文本框任意位置，按Ctrl+A组合键全选文本，选择"吸管工具"单击吸取矩形颜色进行填充，如图5-9所示。

步骤 09 选择"文字工具"拖动绘制文本框并输入文字，设置字体颜色为白色，如图5-10所示。

图 5-9 图 5-10

步骤 **10** 选中文字,在"字符"面板中设置参数。选中矩形与文本,在控制面板中单击"水平居中对齐"按钮 ⬌ 与"垂直居中对齐"按钮 ⬍,如图5-11、图5-12所示。

图 5-11   图 5-12

步骤 **11** 选择"文字工具"拖动绘制文本框并输入文字,设置字符参数,如图5-13所示。

步骤 **12** 选择"直线工具"按住Shift键绘制直线,在控制面板中设置参数,如图5-14所示。

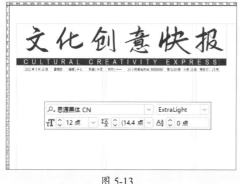

图 5-13   图 5-14

步骤 **13** 选择"文字工具"拖动绘制文本框并输入文字,设置字符参数,如图5-15所示。

图 5-15

步骤 14 框选"天气预报",更改字体大小为20点;按Ctrl+A组合键全选文本,在控制面板中单击"居中对齐"按钮≡,如图5-16所示。

图 5-16

步骤 15 选择"文字工具"拖动绘制文本框并输入文字,设置字符参数,如图5-17所示。

步骤 16 按住Alt键复制文字,更改文字内容,将字号调整为27点。框选两组文字,使其底对齐,按Ctrl+G组合键创建新组,如图5-18所示。

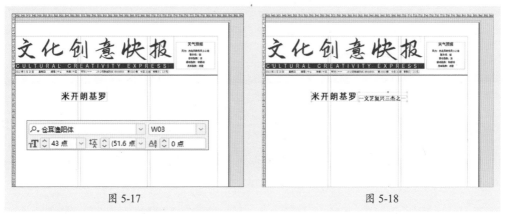

图 5-17   图 5-18

步骤 17 调整位置,如图5-19所示。

步骤 18 选择"矩形框架工具"绘制框架,执行"文件"|"置入"命令置入图像并调整大小,如图5-20所示。

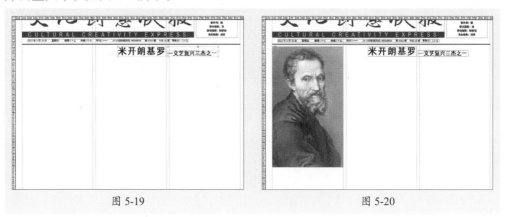

图 5-19   图 5-20

步骤 **19** 执行"文件"|"置入"命令，在弹出的"置入"对话框中选择素材文档，取消勾选"应用网格格式"复选框，单击"打开"按钮，如图5-21所示。

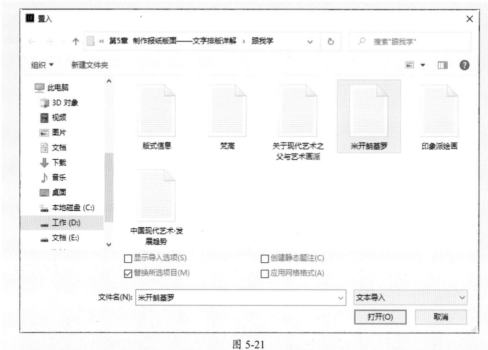

图 5-21

步骤 **20** 拖动创建文本框，如图5-22所示。

步骤 **21** 选择"文字工具"，将光标放置文本框任意位置，按Ctrl+A组合键全选文本，在控制面板中设置参数，如图5-23所示。

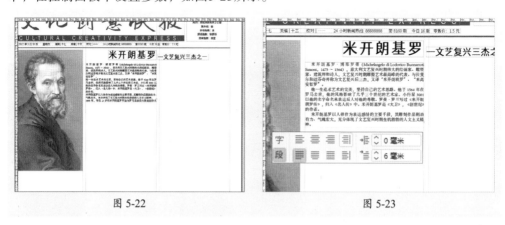

图 5-22   图 5-23

步骤 **22** 选中文本段落，执行"窗口"|"样式"|"段落样式"命令，在弹出的面板中单击"创建新样式"按钮创建"段落样式1"，如图5-24所示。

步骤 **23** 选择"文字工具"拖动绘制文本框并输入文字，设置字符参数，如图5-25所示。

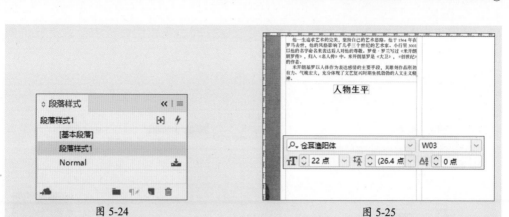

图 5-24   图 5-25

步骤 24 选择"直线工具"按住Shift键绘制直线，在控制面板中设置参数，按住Shift+Alt组合键移动并复制直线，如图5-26所示。

步骤 25 单击文本框中溢流文本 ⊞ ，拖动创建串接文本，如图5-27所示。

图 5-26   图 5-27

步骤 26 选择"矩形框架工具"绘制框架，执行"文件"|"置入"命令置入图像并调整大小，如图5-28所示。

步骤 27 选择"文字工具"拖动绘制文本框并输入文字，设置字符参数，如图5-29所示。

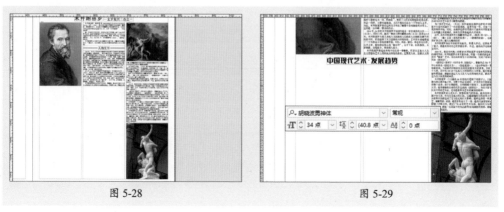

图 5-28   图 5-29

步骤28 选择"直线工具"按住Shift键绘制直线，在控制面板中设置参数，如图5-30所示。

步骤29 选择"文字工具"拖动绘制文本框并输入文字，全选文字后单击"段落样式"面板中的"段落样式1"样式，如图5-31所示。

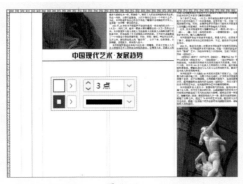

图 5-30

图 5-31

步骤30 执行"文件"|"置入"命令，在弹出的对话框中选择目标素材，拖动置入图像，如图5-32所示。

步骤31 执行"窗口"|"文本绕排"命令，在弹出的"文本绕排"面板中设置参数，如图5-33所示。

图 5-32

图 5-33

步骤32 文本绕排效果如图5-34所示。

图 5-34

②.设计报纸 04 版

第四版的制作和第一版大致相同，将第四版设置为四栏。其中段落样式可以应用在所有的正文中，标题可以使用不同的字体与样式。

步骤 01 执行"窗口"|"页面"命令，在弹出的"页面"面板中单击"页面2"，如图5-35所示。

步骤 02 执行"版面"|"边距和分栏"命令，在弹出的"边距和分栏"对话框中设置参数，如图5-36所示。

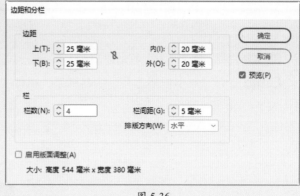

图 5-35   图 5-36

步骤 03 创建分栏后的效果如图5-37所示。

步骤 04 按住Alt键移动并复制报刊名，调整字符和文本框大小，如图5-38所示。

图 5-37   图 5-38

步骤 05 选择"直线工具"按住Shift键绘制直线，在控制面板中设置参数，如图5-39所示。

步骤 06 选择"文字工具"拖动绘制文本框并输入文字，按住Shift+Alt组合键复制并更改文字，如图5-40所示。

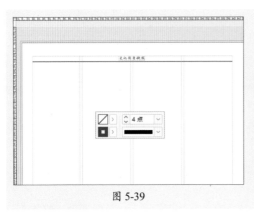

图 5-39

图 5-40

步骤 07 选择"文字工具"拖动绘制文本框并输入文字，设置字符参数，如图5-41所示。

步骤 08 选择"矩形框架工具"绘制框架，执行"文件"|"置入"命令置入图像并调整大小，如图5-42所示。

图 5-41

图 5-42

步骤 09 执行"文件"|"置入"命令，置入素材文档"梵高"，根据分栏创建串接文本并应用"段落样式1"样式，如图5-43所示。

步骤 10 选择"矩形框架工具"绘制框架，执行"文件"|"置入"命令置入图像并调整大小，如图5-44所示。

图 5-43

图 5-44

步骤 11 选择"直排文字工具"拖动绘制文本框并输入文字，设置字符参数，如图5-45所示。

步骤 12 执行"文件"|"置入"命令，置入素材文档"印象派绘画"，创建文本并应用"段落样式1"样式，如图5-46所示。

图 5-45 图 5-46

步骤 13 选中小标题，在"字符"面板中设置参数，在"字符样式"面板中单击"创建新样式"按钮 ▤ 创建"字符样式2"，如图5-47、图5-48所示。

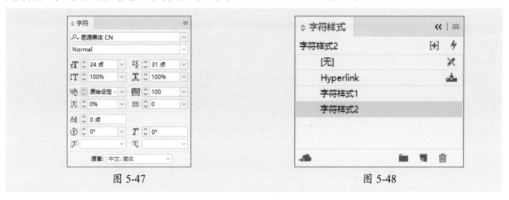

图 5-47 图 5-48

步骤 14 在"段落"面板中设置参数，在"段落样式"面板中单击"创建新样式"按钮 ▤ 创建"段落样式2"，如图5-49、图5-50所示。

图 5-49 图 5-50

步骤 15 选中剩下的小标题，分别应用"字符样式2"和"段落样式2"样式，如图5-51所示。

步骤 16 按住Alt键移动并复制页面3中的文字和直线，如图5-52所示。

图 5-51 图 5-52

步骤 17 更改文字内容并进行位置的调整，如图5-53所示。

步骤 18 执行"文件"|"置入"命令，置入素材文档，根据分栏创建串接文本并应用"段落样式1"样式，如图5-54所示。

图 5-53 图 5-54

步骤 19 选择"矩形框架工具"绘制框架，执行"文件"|"置入"命令置入图像并调整大小，如图5-55所示。

图 5-55

步骤 20 选择"矩形框架工具"绘制框架,执行"文件"|"置入"命令置入图像并调整大小,如图5-56所示。

图 5-56

步骤 21 选择"文字工具"拖动绘制文本框并输入文字,设置字符参数,如图5-57所示。

步骤 22 选择"文字工具"拖动绘制文本框,单击"段落格式1"样式,更改字号,如图5-58所示。

图 5-57

图 5-58

步骤 23 按住Shift+Alt组合键移动并复制文本框至中下方,更改文字,如图5-59所示。

步骤 24 执行"文件"|"置入"命令依次置入图像,使其宽度相同,如图5-60所示。

图 5-59

图 5-60

至此,完成报纸版面的制作。

5.1 定位对象 //////////////////////////////////////

定位对象是一些附加或者定位的特定文本的项目，如图形、图像或文本框架。重排文本时，定位对象会与包含锚点的文本一起移动。所有要与特定文本行或文本块相关联的对象都可以使用定位对象实现，例如与特定字词关联的旁注、图注、数字或图标。

可以创建下列任何位置的定位对象。

● 行中将定位对象与插入点的基线对齐。

● 行上可选择下列对齐方式将定位对象置入行上方：左、中、右、朝向书脊、背向书脊和文本对齐方式。

5.1.1 创建定位对象

在InDesign中，可以在当前文档中置入新的定位对象，也可以通过现有的对象创建定位对象，还可以通过在文本中插入一个占位符框架来临时替代定位对象，在需要时为其添加相关的内容即可。

1. 添加定位对象

选择"文字工具"，拖动创建文本框并输入文字，在文本前单击，确定对象的锚点插入点，单击鼠标右键，在弹出的快捷菜单中执行"定位对象"|"插入"命令，打开"插入定位对象"对话框，执行"文件"|"置入"命令，置入图像图册，并调整其大小，如图5-61、图5-62所示。

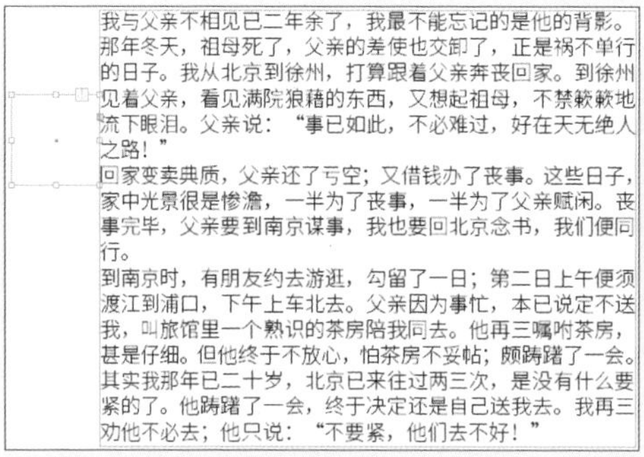

图 5-61

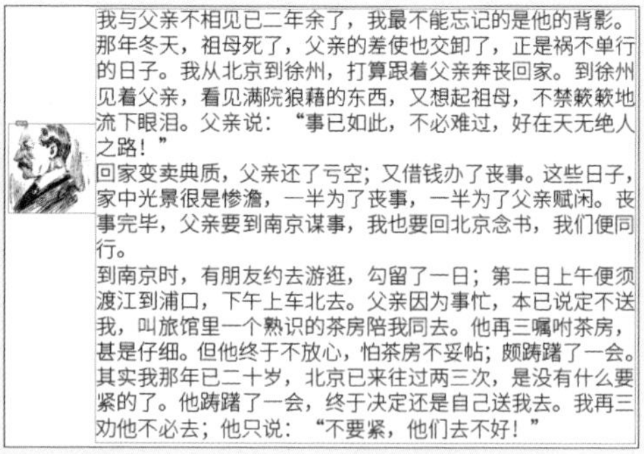

图 5-62

2. 定位现有对象

选中置入的对象，按Ctrl+C组合键复制，选择"文字工具"，在文本框中任意位置按Ctrl+V组合键粘贴，便可定位现有对象，如图5-63所示。选中该对象，可以对其进行大小和位置的调整，如图5-64所示。

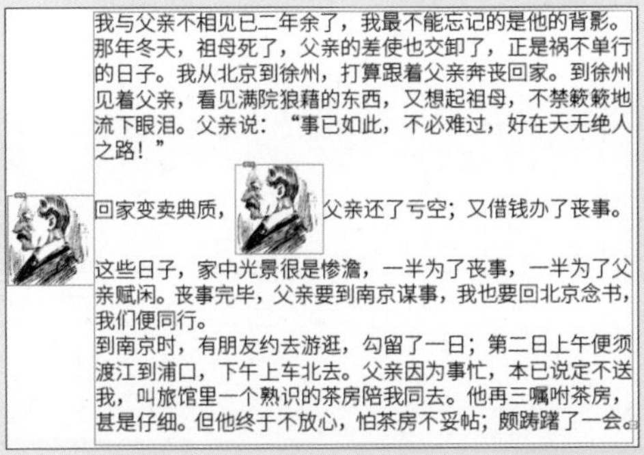

我与父亲不相见已二年余了，我最不能忘记的是他的背影。
那年冬天，祖母死了，父亲的差使也交卸了，正是祸不单行的日子。我从北京到徐州，打算跟着父亲奔丧回家。到徐州见着父亲，看见满院狼藉的东西，又想起祖母，不禁簌簌地流下眼泪。父亲说："事已如此，不必难过，好在天无绝人之路！"
回家变卖典质，父亲还了亏空；又借钱办了丧事。
这些日子，家中光景很是惨澹，一半为了丧事，一半为了父亲赋闲。丧事完毕，父亲要到南京谋事，我也要回北京念书，我们便同行。
到南京时，有朋友约去游逛，勾留了一日；第二日上午便须渡江到浦口，下午上车北去。父亲因为事忙，本已说定不送我，叫旅馆里一个熟识的茶房陪我同去。他再三嘱咐茶房，甚是仔细。但他终于不放心，怕茶房不妥帖；颇踌躇了一会。

图 5-63

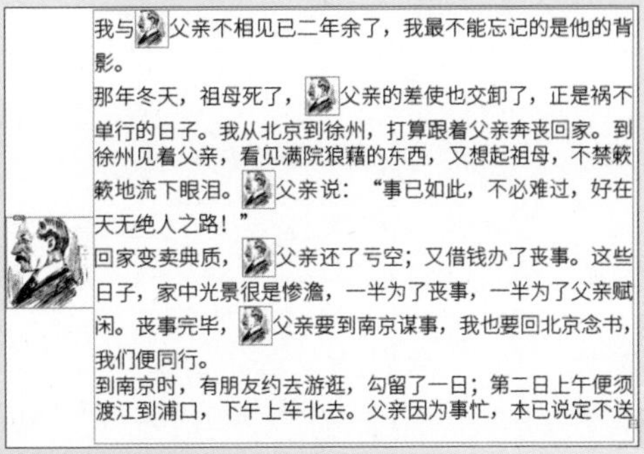

我与父亲不相见已二年余了，我最不能忘记的是他的背影。
那年冬天，祖母死了，父亲的差使也交卸了，正是祸不单行的日子。我从北京到徐州，打算跟着父亲奔丧回家。到徐州见着父亲，看见满院狼藉的东西，又想起祖母，不禁簌簌地流下眼泪。父亲说："事已如此，不必难过，好在天无绝人之路！"
回家变卖典质，父亲还了亏空；又借钱办了丧事。这些日子，家中光景很是惨澹，一半为了丧事，一半为了父亲赋闲。丧事完毕，父亲要到南京谋事，我也要回北京念书，我们便同行。
到南京时，有朋友约去游逛，勾留了一日；第二日上午便须渡江到浦口，下午上车北去。父亲因为事忙，本已说定不送

图 5-64

5.1.2 调整定位对象

使用"选择工具"选中插入的对象，执行"对象"|"定位对象"|"选项"命令，弹出"定位对象选项"对话框，如图5-65所示。

定位对象选项
位置(O): 自定
行中或行上
自定
相对于书脊(R)
定位对象
参考点:
定位位置
参考点:
X 相对于(X): 文本框架
X 位移(F): 0 毫米
Y 相对于(Y): 行（基线）
Y 位移(S): 0 毫米
保持在上下栏边界内(K)
防止手动定位(M)
预览(P)
确定
取消

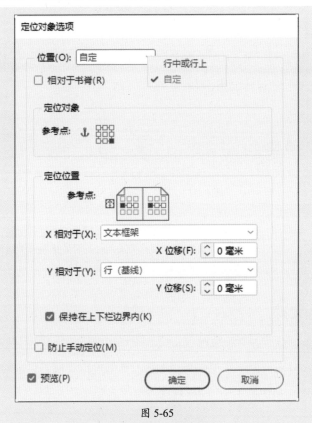

图 5-65

知识链接

"定位对象"区域的"参考点"，表示从"X 相对于"和"Y 相对于"选项选择的页面项目中要用来对齐对象的位置。

在对话框的"位置"下拉列表中选择"行中或行上"选项，可设置"行中"或"行上方"的参数，如图5-66所示。

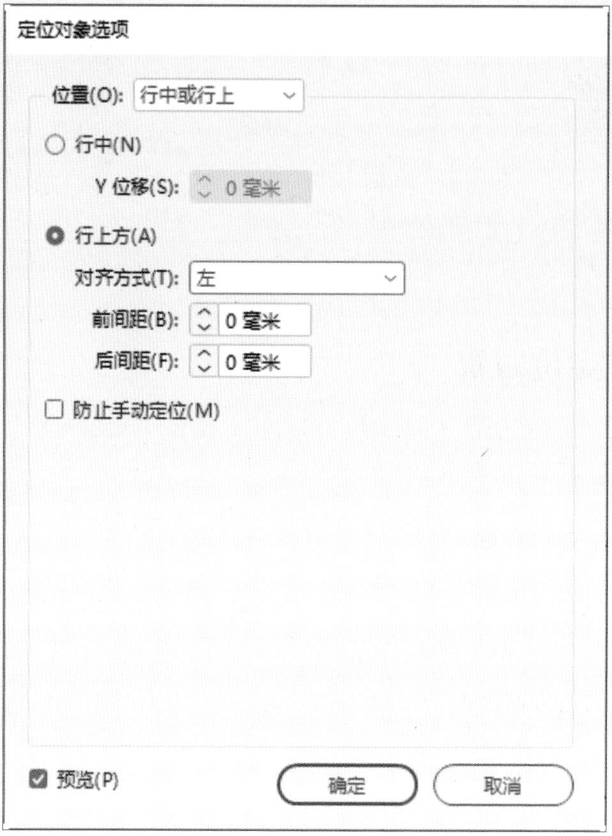

图 5-66

> **知识链接**　　设置为"行上方"的定位对象将始终与包含锚点的行连在一起，文本的排版不会导致该对象位于页面的底部，而锚点标志符所在的行处于下一页的顶部。

5.2　串接文本

框架中的文本可独立于其他框架，也可在多个框架之间连续排文。要在多个框架之间连续排文，首先必须将框架连接起来。连接的框架可位于同一页或跨页，也可位于文档的其他页。在框架之间连接文本的过程称为串接文本。

5.2.1　串接文本框架

每个文本框架都包含一个入口和一个出口，这些端口用来与其他文本框架进行连接。空的入口或出口分别表示文章的开头或结尾。端口中的箭头表示该框架连接到另一框架。出口中的红色加号（⊞）表示该文章中有更多要置入的文本，但没有更多的文本框架可放置文本，这些剩余的不可见文本称为溢流文本，如图5-67所示。

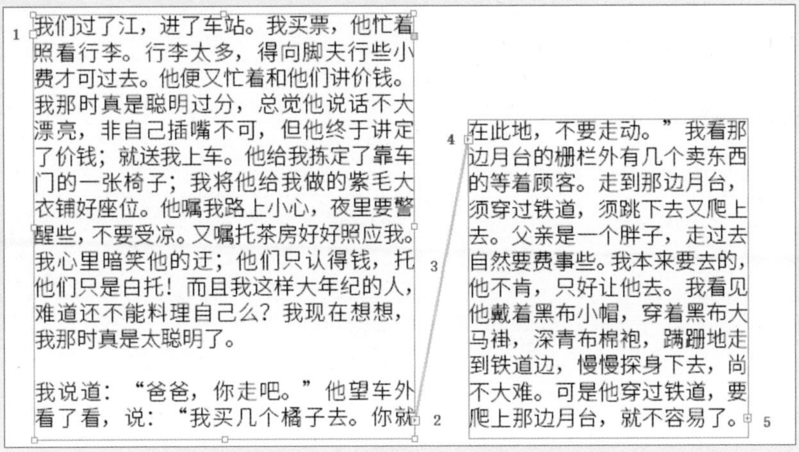

图 5-67

1：文本开头的入口；2：指示与下一个框架串接关系的出口；3：文本串接；
4：指示与上一个框架串接关系的入口；5：指示溢流文本的出口

知识链接 执行"视图"|"其他"|"显示文本串接"命令可以查看串接框架的可视化表示。无论文本框架是否包含文本，都可进行串接。

1. 添加新框架

使用"选择工具"选择一个文本框架，单击入口或出口以载入文本图标，将载入的文本图标放置到希望新文本框架出现的地方，单击或拖动以创建一个新文本框架。单击入口可在所选框架之前添加一个框架，如5-68所示；单击出口可在所选框架之后添加一个框架，如5-69所示。

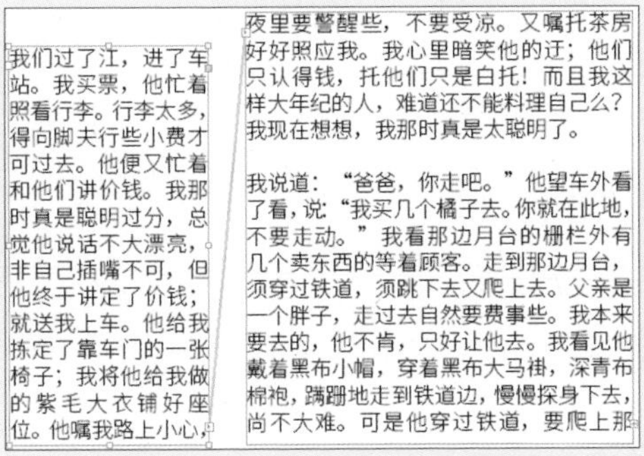

图 5-68

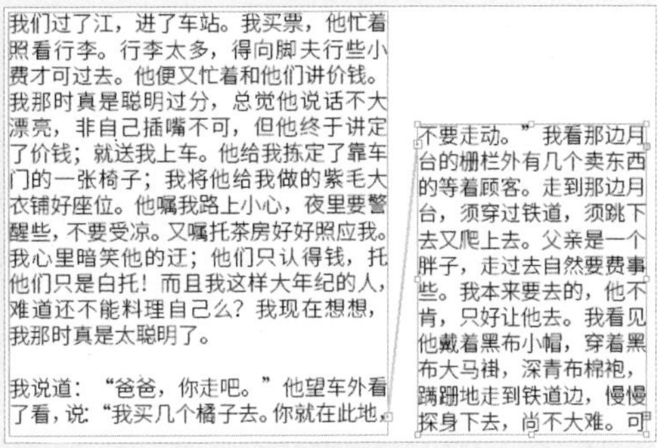

图 5-69

2. 与已有框架串接

　　若文档中除了创建的溢流文本框架，还包含其他框架，可以将其与溢流文本框架进行串接。使用"选择工具"单击文本的入口或出口，载入的文本图标将更改为串接图标，在第二个框架内部单击可以将其串接到第一个框架，如图5-70、图5-71所示。

图 5-70　　　　　　　　　　　　　　　　　　图 5-71

3. 取消串接文本框架

　　取消串接文本框架时，将断开该框架与串接中的所有后续框架之间的连接。以前显示在这些框架中的任何文本将成为溢流文本（不会删除文本），所有的后续框架都为空。

　　在一个由两个框架组成的串接中，单击第一个框架的出口或第二个框架的入口，将载入的文本图标放置到上一个框架或下一个框架之上，将显示取消串接图标，单击要从串接文本中删除的框架即可删除以后的所有串接框架的文本，如图5-72、图5-73所示。

图 5-72　　　　　　　　　　　　　　　　　　图 5-73

5.2.2　剪切或删除串接文本框架

　　在剪切或删除文本框架时不会删除文本，文本仍包含在串接中。

1. 从串接文本中剪切框架

可以从串接中剪切框架，然后将其粘贴到其他位置。剪切的框架将使用文本的副本，不会从原文章中移去任何文本。在一次性剪切和粘贴一系列串接文本框架时，粘贴的框架将保持彼此之间的连接，但将失去与原文章中任何其他框架的连接。

使用"选择工具"，选择一个或多个框架（按住Shift键并单击可选择多个对象）。执行"编辑"|"剪切"命令或按Ctrl+X组合键，选中的框架消失，其中包含的所有文本都排列到该文章内的下一框架中。剪切文章的最后一个框架时，其中的文本存储为上一个框架的溢流文本，如图5-74、图5-75所示。

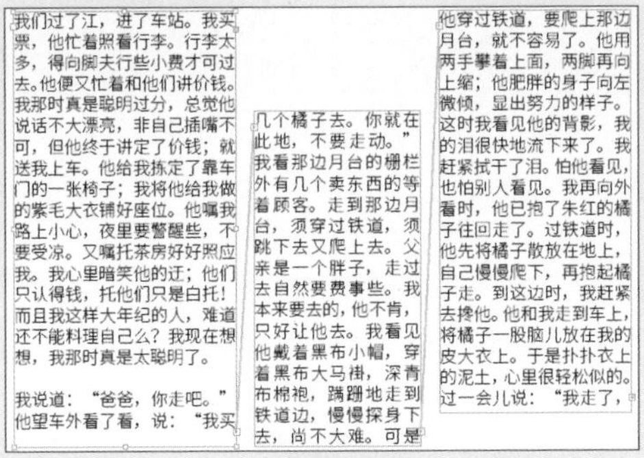

图 5-74

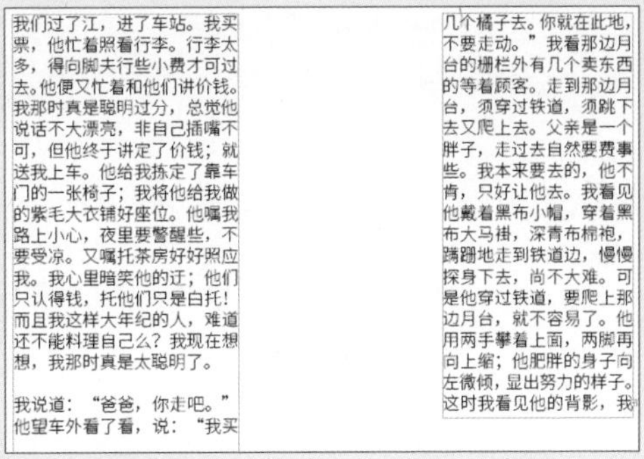

图 5-75

若要在文档的其他位置使用断开连接的框架，转到希望断开连接的文本出现的页面，执行"编辑"|"粘贴"命令或按Ctrl+V组合键，如图5-76所示。

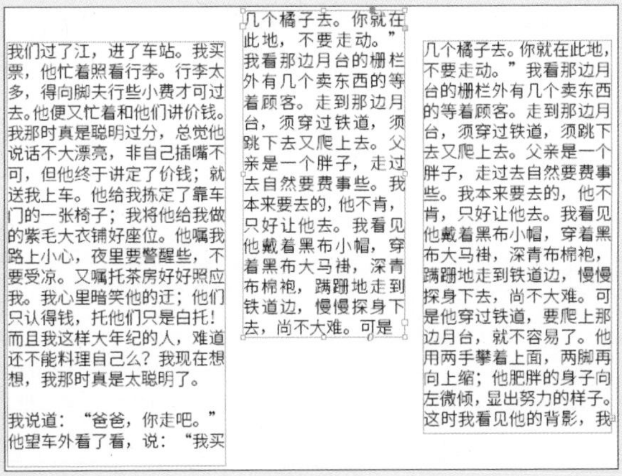

图 5-76

2. 从串接文本中删除框架

当删除串接中的文本框架时，不会删除任何文本，文本将成为溢流文本，或排列到连续的下一个框架中。如果文本框架未连接到其他任何框架，则会删除框架和文本。

选择文本框架，使用"选择工具"单击框架，按Delete键即可删除框架，如图5-77、图5-78所示。

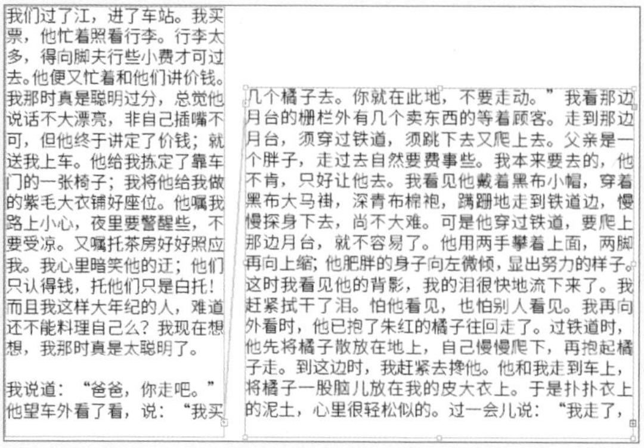

图 5-77

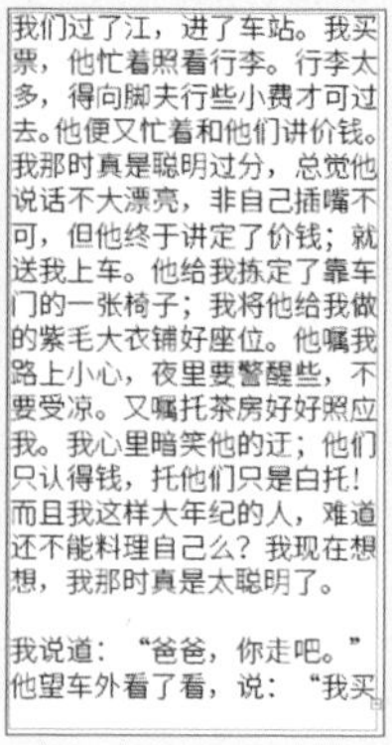

图 5-78

5.2.3　手动与自动排文

置入文本或者单击入口或出口后，指针将成为载入的文本图标。使用载入的文本图标，可将文本排列到页面上。按住Shift键或Alt键，可确定文本排列的方式。载入文本图标，将根据置入的位置改变外观。

将载入的文本图标置于文本框架之上时，该图标将括在圆括号中。将载入的文本图标置于参考线或网格靠齐点旁边时，黑色指针将变为白色。

可以使用下列四种方法排文：

- 手动文本排文。
- 单击置入文本时，按住Alt键，进行半自动排文。
- 单击置入文本时，按住Shift键，进行自动排文。
- 单击置入文本时，按住Shift+Alt组合键，进行固定页面自动排文。

要在框架中排文，InDesign会检测是横排类型还是直排类型。使用半自动或自动排文排列文本时，将采用"文章"面板中设置的框架类型和方向。用户可以使用图标获得文本排文方向的视觉反馈。

💬 技巧点拨

在载入的文本图标后，按住Shift+Alt组合键并单击即可实现自动排文但不添加页面的操作。

5.3　设置文本框架 //

InDesign 中的文本位于文本框架内。InDesign有两种类型的文本框架：框架网格和纯文本框架。框架网格中字符的全角字框和间距都显示为网格；纯文本框架是不显示任何网格的空文本框架。

5.3.1 设置常规选项

执行“对象”|“文本框架选项”命令，在弹出的“文本框架选项”对话框中选择“常规”选项卡，可设置分栏、内边距、垂直对齐选项的值，如图5-79所示。

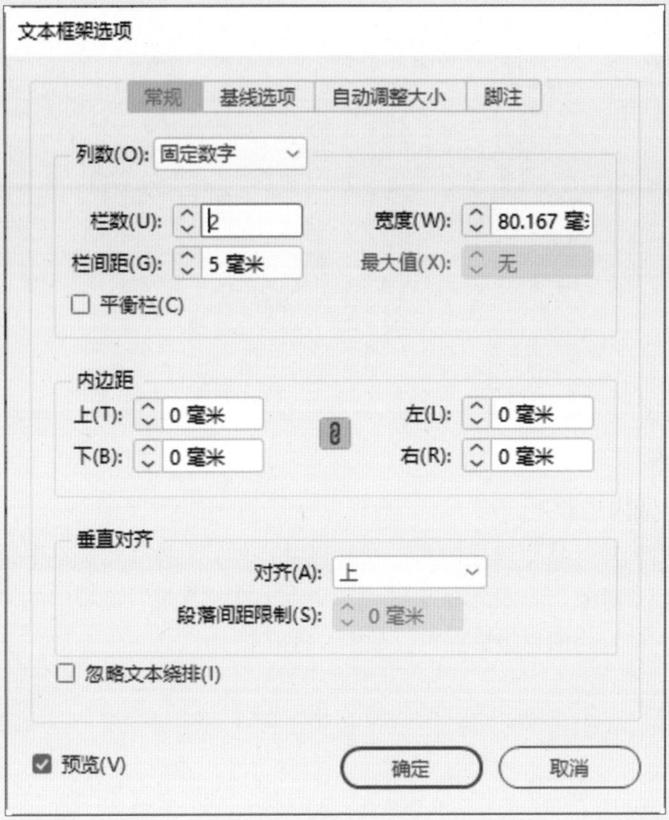
文本框架选项
常规
基线选项
自动调整大小
脚注
列数(O): 固定数字
栏数(U): 2
宽度(W): 80.167 毫
栏间距(G): 5 毫米
最大值(X): 无
平衡栏(C)
内边距
上(T): 0 毫米
左(L): 0 毫米
下(B): 0 毫米
右(R): 0 毫米
垂直对齐
对齐(A): 上
段落间距限制(S): 0 毫米
忽略文本绕排(I)
预览(V)
确定
取消

图 5-79

选择“文字工具”，拖动绘制文本框并进行设置，输入文字，如图5-80、图5-81所示。

图 5-80

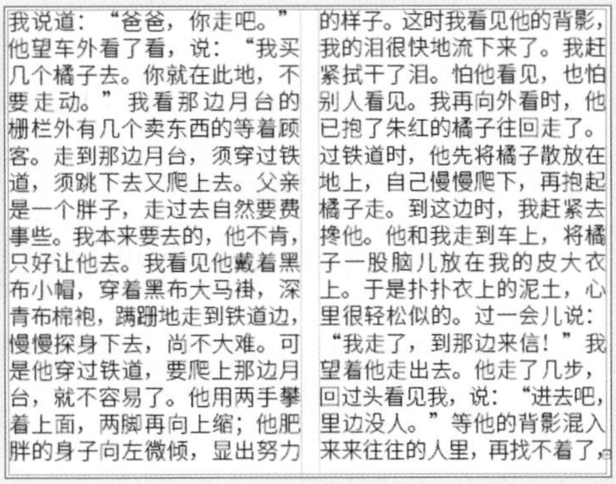
我说道：“爸爸，你走吧。”他望车外看了看，说：“我买几个橘子去。你就在此地，不要走动。”我看那边月台的栅栏外有几个卖东西的等着顾客。走到那边月台，须穿过铁道，须跳下去又爬上去。父亲是一个胖子，走过去自然要费事些。我本来要去的，他不肯，只好让他去。我看见他戴着黑布小帽，穿着黑布大马褂，深青布棉袍，蹒跚地走到铁道边，慢慢探身下去，尚不大难。可是他穿过铁道，要爬上那边月台，就不容易了。他用两手攀着上面，两脚再向上缩；他肥胖的身子向左微倾，显出努力
的样子。这时我看见他的背影，我的泪很快地流下来了。我赶紧拭干了泪。怕他看见，也怕别人看见。我再向外看时，他已抱了朱红的橘子往回走了。过铁道时，他先将橘子散放在地上，自己慢慢爬下，再抱起橘子走。到这边时，我赶紧去搀他。他和我走到车上，将橘子一股脑儿放在我的皮大衣上。于是扑扑衣上的泥土，心里很轻松似的。过一会儿说：“我走了，到那边来信！”我望着他走出去。他走了几步，回过头看见我，说：“进去吧，里边没人。”等他的背影混入来来往往的人里，再找不着了。

图 5-81

1. 向文本框架中添加栏

利用"选择工具"选择框架，或者利用"文字工具"选择文本，执行"对象"|"文本框架选项"命令，在"文本框架选项"对话框中，可以指定文本框架的栏数、每栏宽度和每栏之间的间距（栏间距）等，如图5-82所示。

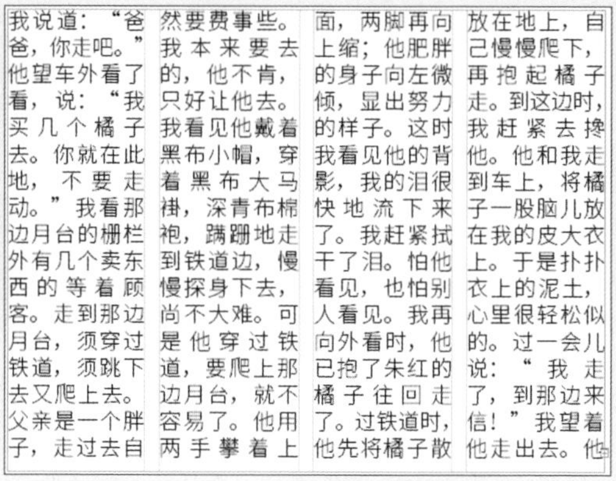

图 5-82

2. 更改文本框架内边距

首先利用"选择工具"选择框架，或者利用"文字工具"在文本框架中单击或选择文本，之后执行"对象"|"文本框架选项"命令，在"常规"选项卡的"内边距"区域输入上、左、下和右的偏移距离即可，如图5-83所示。

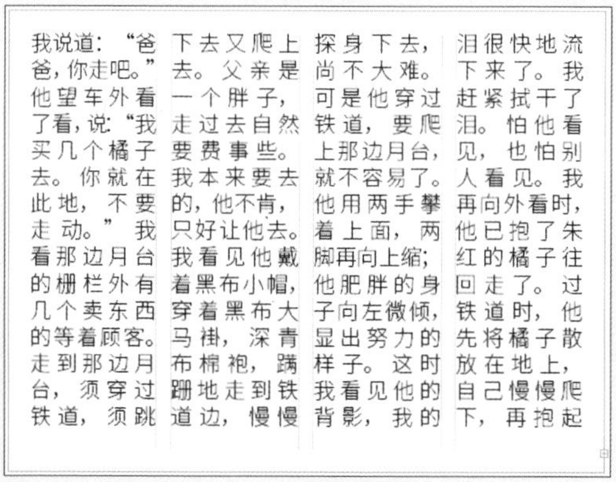

图 5-83

5.3.2 设置文本框架的基线选项

在输入文本的时候，有时会需要设置文本框架的基线。本小节将对文本框架的基线选项设置进行逐一介绍。

1. 首行基线位移选项

若要更改所选文本框架的首行基线选项，执行"对象"|"文本框架选项"命令，在

弹出的对话框中打开"基线选项"选项卡，在"首行基线"区域中包括"位移"和"最小"两个选项，如图5-84所示。

图 5-84

（1）"位移"下拉列表框中主要选项的功能介绍如下。

● **字母上缘：** 字体中字符的高度降到文本框架的上内陷之下。

● **大写字母高度：** 大写字母的顶部触及文本框架的上内陷。

● **行距：** 以文本的行距值作为文本首行基线和框架的上内陷之间的距离。

● **X 高度：** 字体中"X"字符的高度降到框架的上内陷之下。

● **全角字框高度：** 全角字框决定框架的顶部与首行基线之间的距离。

● **固定：** 指定文本首行基线和框架上内陷之间的距离。

💬 技巧点拨

如果要将文本框架的顶部与网格靠齐，选择"行距"或"固定"，以便控制文本框架中文本首行基线的位置。

（2）最小：选择基线位移的最小值。例如，对于行距为10的文本，如果将位移设置为"行距"，则当使用的位移值小于行距值时，将应用"行距"；当设置的位移值大于行距时，则将"位移"值应用于文本。

2. 设置文本框架的基线网格

在某些情况下，可能需要对框架而不是整个文档使用基线网格。使用"文本框架选项"对话框，将基线网格应用于文本框架的具体操作步骤如下。

步骤 01 执行"视图"|"网格和参考线"|"显示基线网格"命令，以显示包括文本框架中的基线网格在内的所有基线网格，如图5-85、图5-86所示。

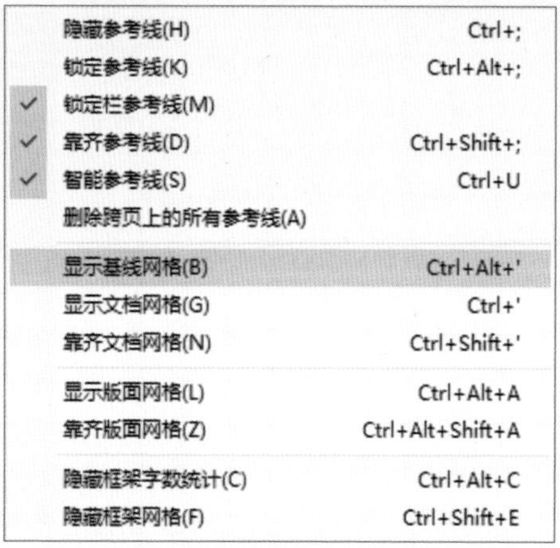

隐藏参考线(H)	Ctrl+;
锁定参考线(K)	Ctrl+Alt+;
✓ 锁定栏参考线(M)	
✓ 靠齐参考线(D)	Ctrl+Shift+;
✓ 智能参考线(S)	Ctrl+U
删除跨页上的所有参考线(A)	
显示基线网格(B)	Ctrl+Alt+'
显示文档网格(G)	Ctrl+'
靠齐文档网格(N)	Ctrl+Shift+'
显示版面网格(L)	Ctrl+Alt+A
靠齐版面网格(Z)	Ctrl+Alt+Shift+A
隐藏框架字数统计(C)	Ctrl+Alt+C
隐藏框架网格(F)	Ctrl+Shift+E

图 5-85   图 5-86

步骤 02 选择文本框架或将插入点置入文本框架，按Ctrl+A组合键全选，执行"对象"|"文本框架选项"命令。

步骤 03 基线网格应用于串接的所有框架（即使一个或多个串接的框架并不包含文本），而文本应用"文本框架选项"对话框中的基线网格设置。

3. 使用自定基线网格选项

在使用自定基线网格的文本框架之前或之后，不会出现文档基线网格。将基于框架的基线网格应用于框架网格时，会同时显示这两种网格，并且框架中的文本会与基于框架的基线网格对齐。

使用自定基线网格选项说明如下。

- **开始：** 输入一个值以从页面顶部、页面的上边距、框架顶部或框架的上内陷（取决于"相对于"选项中选择的内容）移动网格。
- **相对于：** 指定基线网格的开始方式是相对于页面顶部、页面上边距、文本框架顶部，还是文本框架内陷顶部。
- **间隔：** 输入一个值作为网格线之间的间距。在大多数情况下，输入等于正文文本行距的值，以便令文本行能恰好对齐网格。

● **颜色：** 为网格线选择一种颜色，或选择图层颜色以便与显示文本框架的图层使用相同的颜色。

若在"网格首选项"中选择了"网格置后"选项，将按照以下顺序绘制基线：基于框架的基线网格→框架网格→基于文档的基线网格和版面网格；若未选择"网格置后"命令，将按照以下顺序绘制基线：基于文档的基线网格→版面网格→基于框架的基线网格和框架网格。

5.4 设置框架网格

本节将对框架网格的设置以及应用进行详细介绍。

5.4.1 设置框架网格属性

执行"对象"|"框架网格选项"命令，弹出"框架网格"对话框，如图5-87所示。在对话框中可以更改框架网格设置，例如字体、大小、间距、行数和字数。

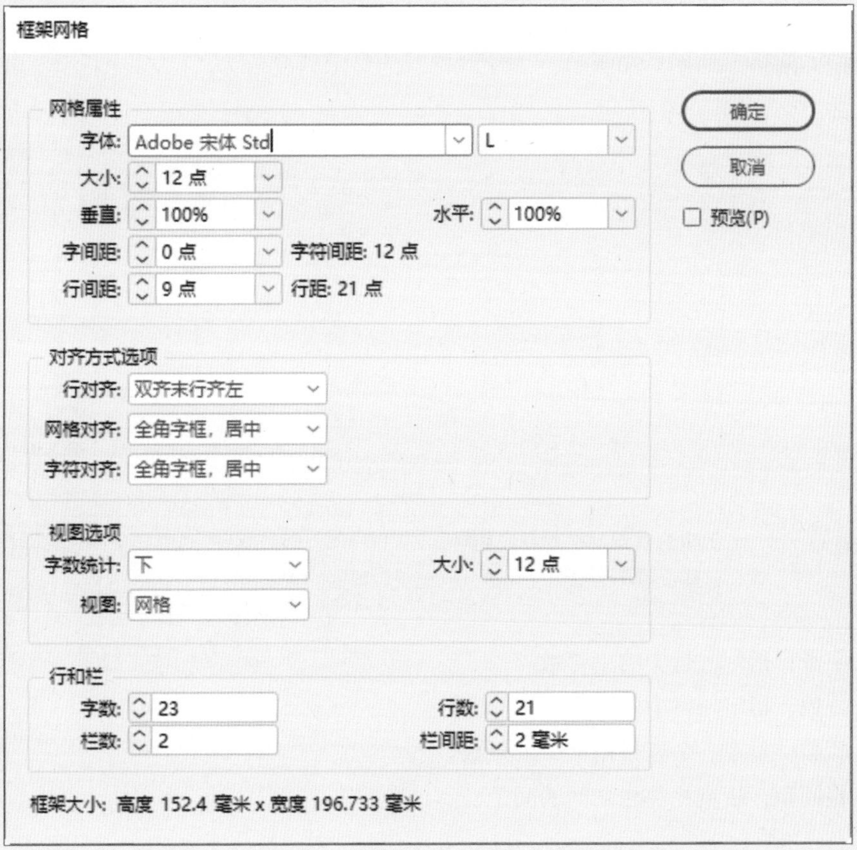

图 5-87

123

该对话框中主要选项的功能介绍如下。

● **字体：**选择字体系列和字体样式。

● **大小：**文字的大小。此值将作为网格单元格的大小。

● **垂直/水平：**以百分比形式为全角亚洲字符指定网格缩放比例。

● **字间距：**设置框架网格中单元格之间的间距。此值将作为网格间距。

● **行间距：**设置框架网格中行之间的间距，即从首行中网格的底部（或左边）到下一行中网格的顶部（或右边）的距离。直接更改文本的行距值，将改变网格对齐方式，向外扩展文本行，以便与最接近的网格行匹配。

● **行对齐：**选择一个选项，设置文本的行对齐方式。

● **网格对齐：**选择一个选项，设置文本与全角制度、表意字框对齐，还是与罗马字基线对齐。

● **字符对齐：**选择一个选项，设置将同一行的小字符与大字符对齐的方法。

● **字数统计：**选择一个选项，设置框架网格尺寸和字数统计所显示的位置。

● **视图：**选择一个选项，以指定框架的显示方式。"网格"显示包含网格和行的框架网格，如图5-88所示；"N/Z视图"将框架网格方向显示为深蓝色的对角线，插入文本时并不显示这些线条，如图5-89所示；"对齐方式视图"显示仅包含行的框架网格，如图5-90所示；"N/Z网格"的显示情况恰为"N/Z视图"与"网格"的组合，如图5-91所示。

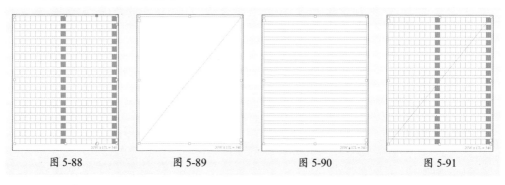

| 图 5-88 | 图 5-89 | 图 5-90 | 图 5-91 |

知识链接　　创建的框架网格都会应用默认的对象样式。若默认的对象样式中包含网格的设置，这些设置将会覆盖使用框架网格工具设置的默认值。

● **字数：**指定一行中的字符数。

● **行数：**指定一栏中的行数。

● **栏数：**指定一个框架网格中的栏数。

● **栏间距：**指定相邻栏之间的间距。

5.4.2　查看框架网格字数统计

　　框架网格字数统计显示在网格的底部，此处显示的是字符数、行数、单元格总数和实际字符数的值。执行"视图"|"网格和参考线"|"显示字数统计"命令或执行"视图"|"网格和参考线"|"隐藏字数统计"命令可显示或隐藏统计字数。

　　要指定字数统计视图的大小和位置，选择该文本框架，执行"对象"|"框架网格选项"命令。在"视图选项"区域，指定"字数统计""视图"和"大小"，单击"确定"按钮。

💬 **技巧点拨**

　　框架网格的字数一般显示在网格的底部，显示的是字符数、行数、单元格总数和实际字符数的值。如图5-92所示表示每行字符数为39，行数值为17，总单元格数为663，实际字符数为461。

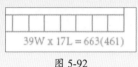

39W x 17L = 663(461)

图 5-92

读 书 笔 记

自己练／设计与制作健康周报

案例路径 云盘＼实例文件＼第5章＼自己练＼设计与制作健康周报

项目背景 某公司为了提高公司内部员工身体素质，每个月会发放健康生活报给员工，倡导健康生活。特委托本公司为其设计并排版健康生活报。

项目要求 ①报纸以红色为主。

②版面排版图文要有序整合，01版主要放每版的主推文章题目和简介。

③设计规格为390mm × 250mm。

项目分析 报纸页面以红色为主，选择文字工具、矩形工具、框架工具对内容进行填充制作。报纸标题大小根据文章内容、版面位置和篇幅长短进行调整。参考效果如图5-93所示。

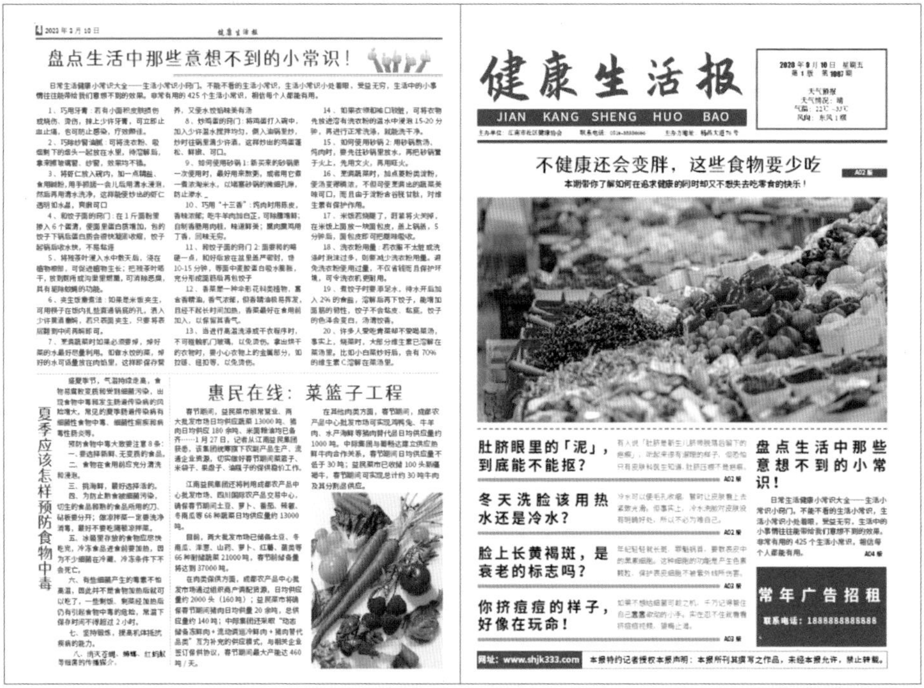

图 5-93

课时安排 2课时。

InDesign

第**6**章

制作挂历
——表格应用详解

本章概述

    本章将对表格的创建方法、置入表格及从其他程序中导入表格的操作进行详细介绍。同时还对选取表格元素、插入行与列、调整表格大小、拆分与合并单元格、设置表格选项，以及设置单元格选项等内容进行讲解。

要点难点

- 创建表格 ★☆☆
- 编辑表格 ★★★
- 使用表格 ★★☆

跟我学 设计与制作新年月历

学习目标 挂历的样式是多样的，本案例将练习设计制作单页挂历。通过本案例，可学会如何运用效果处理图像；学会如何将文本转换为表格，并设置其样式。

案例路径 云盘 \ 实例文件 \ 第6章 \ 跟我学 \ 设计与制作新年月历

步骤 01 执行"文件"|"新建"|"文档"命令，在弹出的"新建文档"对话框中设置参数，如图6-1所示。

步骤 02 单击"边框和分栏"按钮，在弹出的"新建边距和分栏"对话框中设置参数，如图6-2所示。

图 6-1   图 6-2

步骤 03 执行"文件"|"置入"命令，置入素材图像，并放置于合适位置，如图6-3所示。

步骤 04 执行"对象"|"效果"|"基本羽化"命令，在弹出的"效果"对话框中设置参数，如图6-4所示。

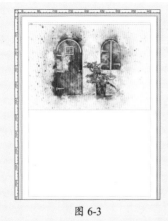

图 6-3   图 6-4

步骤 05 选择"矩形工具"绘制文档大小的矩形，选择"吸管工具"吸取置入图像的背景颜色并进行填充，如图6-5所示。

步骤 06 右击鼠标，在弹出的快捷菜单中执行"排列"｜"置于底层"命令，按Ctrl+L组合键锁定该图层，如图6-6所示。

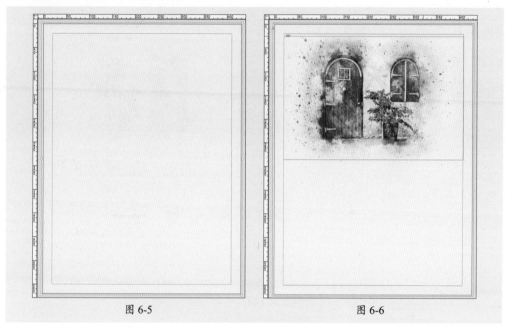

图 6-5　　　　　　　　　　　　　　图 6-6

步骤 07 选择"文字工具"拖动绘制文本框并输入文字，执行"窗口"｜"文字和表"｜"字符"命令，在弹出的面板中设置参数，如图6-7、图6-8所示。

图 6-7　　　　　　　　　　　　　　图 6-8

步骤08 按Ctrl+A组合键全选文字，选择"吸管工具"吸取置入图像中的蓝色并进行填充，如图6-9所示。

步骤09 选择"直线工具"，按住Shift键绘制水平直线，在控制面板中设置参数，如图6-10所示。

图 6-9

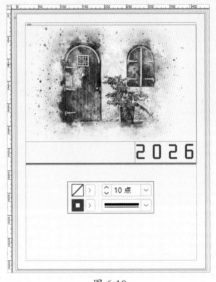

图 6-10

步骤10 选择"文字工具"拖动绘制文本框并输入文字，在"字符"面板中设置参数，如图6-11所示。

步骤11 按Ctrl+A组合键全选文字，选择"吸管工具"吸取置入图像中的橙色并进行填充，如图6-12所示。

图 6-11

图 6-12

步骤 12 选择"文字工具"拖动绘制文本框并输入文字，如图6-13所示。

步骤 13 执行"表"|"将文本转换为表"命令，在弹出的"将文本转换为表"对话框中设置参数，如图6-14所示。

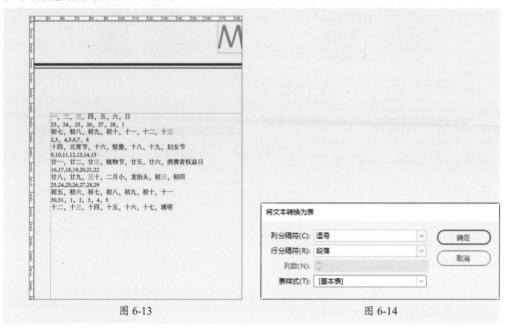

图 6-13   图 6-14

步骤 14 使用"选择工具"调整文本框大小，选择"文字工具"，当光标变为↘时，向右下方拉伸，如图6-15所示。

步骤 15 选中表格，在控制面板中单击"居中对齐"按钮▤，如图6-16所示。

图 6-15

图 6-16

步骤 16 选中第1行，在控制面板中设置参数，如图6-17所示。

步骤 17 选中第2行，在控制面板中设置参数，如图6-18所示。

图 6-17

图 6-18

步骤 18 执行"窗口"|"样式"|"字符样式"命令，在"字符样式"面板中单击"创建新样式"按钮，如图6-19所示。

步骤 19 分别选中第4行、第6行、第8行以及第10行，单击"字符样式1"样式，如图6-20所示。

图 6-19

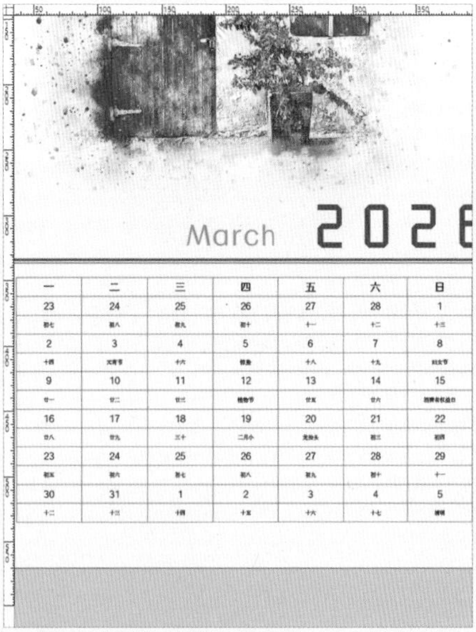

图 6-20

步骤 20 选中第3行，在控制面板中设置参数，在"字符样式"面板中单击"创建新样式"按钮，如图6-21所示。

步骤 21 分别选中第5行、第7行、第9行以及第11行，单击"字符样式2"样式，效果如图6-22所示。

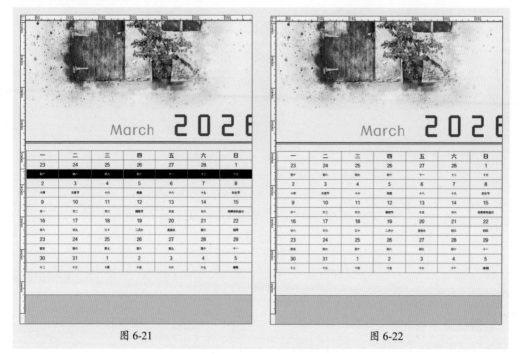

图 6-21   图 6-22

步骤 22 选中第1行，右击鼠标，在弹出的快捷菜单中执行"单元格选项"|"行和列"命令，在弹出的"单元格选项"对话框中设置参数，如图6-23所示。

图 6-23

💬 **技巧点拨**

设置表格的行高，除了执行上述命令在"单元格选项"对话框中设置参数外，也可以直接在控制面板的"行高"按钮🗎后的文本框中进行设置。

步骤 23 使用相同的操作分别设置第2行、第4行、第6行、第8行、第10行以及第12行的行高为16毫米，如图6-24所示。

步骤 24 使用相同的操作分别设置第3行、第5行、第7行、第9行、第11行以及第13行的行高为12毫米，如图6-25所示。

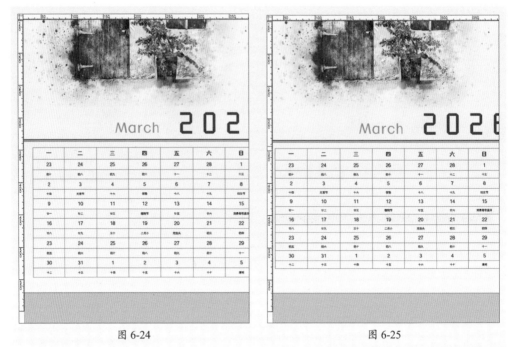

图 6-24　　　　　　　　　　　　　　　　　　　　　图 6-25

步骤 25 选中全部表格，执行"表"｜"表选项"｜"表设置"命令，在弹出的"表选项"对话框中设置参数，如图6-26所示。

图 6-26

步骤 26 在"行线"选项卡中设置参数，如图6-27所示。

图 6-27

步骤 27 在"列线"选项卡中设置参数，如图6-28所示。

图 6-28

💬 **技巧点拨**

若要设置无行线和无列线的表格，除了将"颜色"更改为无，也可以直接将"粗细"更改为0点。

步骤 28 效果如图6-29所示。

步骤 29 分别框选右侧两列与所有的节日、节气，在控制面板中更改文字颜色，如图6-30所示。

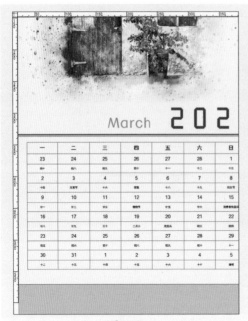

图 6-29

四	五	六
26	27	28
初十	十一	十二
5	6	7
惊蛰	十八	十九
12	13	14
植物节	廿五	廿六
19	20	21
二月小	龙抬头	初三
26	27	28
初八	初九	初十
2	3	4
十五	十六	十七

图 6-30

步骤30 更改第3行与第4行中前6列、第12行和第13行文字内容不透明度为30%，如图6-31所示。

步骤31 最终效果如图6-32所示。

图 6-31

图 6-32

至此，完成挂历的制作。

6.1 表格的创建

　　表格又可以称为表，是一种可视化交流模式，又是一种组织整理数据的手段。在编辑各种文档时，经常会用到各式各样的表格。表格给人一种直观明了的感觉。通常，表格是由成行成列的单元格所组成的，如图6-33所示。

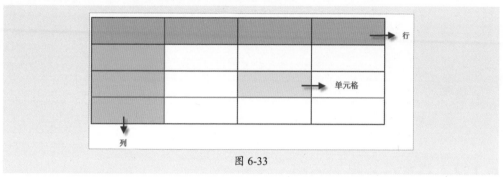

图 6-33

6.1.1 插入表格

　　选择"文字工具"拖动绘制一个文本框，执行"表"|"插入表"命令，或按Alt+Shift+Ctrl+T组合键，弹出"创建表"对话框，如图6-34所示。

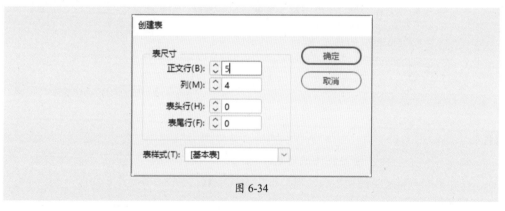

图 6-34

该对话框中主要选项的功能介绍如下。

● **正文行**：指定表格横向行数。

● **列**：指定表格纵向列数。

● **表头行**：设置表格的表头行数，如表格的标题，在表格的最上方。

● **表尾行**：设置表格的表尾行数，它与表头行一样，不过位于表格最下方。

● **表样式**：设置表格样式，可以选择和创建新的表格样式。

表的排版方向取决于文本框架的方向，如图6-35、图6-36所示。

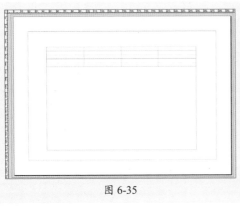
图 6-35

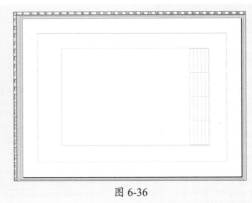
图 6-36

知识链接　　　在InDesign CC中，想要创建新的表格，其必须建立在文本框上，即要创建表格，必须先创建一个文本框，或者在现有的文本框中单击定位，再进行表格绘制。

6.1.2　将文本转换为表格

在InDesign CC中可以轻松地将文本和表格进行转换。在将文本转换为表格时，需要使用指定的分隔符，如按Tab键、逗号、句号等，并且分为制表符和段落分隔符。如图6-37所示为在文本中使用逗号分隔列，使用回车符分隔行。

图 6-37

■ 将文本转换为表

使用"文字工具"选中要转换为表格的文本，执行"表"|"将文本转换为表"命令，在弹出的"将文本转换为表"对话框中设置参数，如图6-38、图6-39所示。

图 6-38　　　　　　　　　　　　　　　图 6-39

"将文本转换为表"对话框中主要选项的功能介绍如下。

● **列分隔符/行分隔符**：对于列分隔符和行分隔符，指出新行和新列应开始的位置。在"列分隔符"和"行分隔符"下拉列表中，可选择"制表符""逗号""段落"选项，或者输入字符（如分号）。

- **列数：** 如果为列和行指定了相同的分隔符，需要指定要让表包括的列数。
- **表样式：** 设置一种表样式以设置表的格式。

2. 将表转换为文本

使用"文字工具"选中要转换为文本的表，执行"表"|"将表转换为文本"命令，在弹出的"将表转换为文本"对话框中设置参数，如图6-40所示。

知识链接 将表转换为文本时，表格线会被去除并在每一行和列的末尾插入指定的分隔符。对表格中设置的字符样式也会保留。

图 6-40

6.1.3 导入表格

可以将其他软件制作的表格直接置入InDesign CC的页面中，如Word文档表格、Excel表格等，这将大大提高工作效率，非常方便。执行"文件"|"置入"命令，在弹出的"置入"对话框左下角勾选"显示导入选项"复选框，弹出"Microsoft Excel 导入选项"对话框，如图6-41所示。

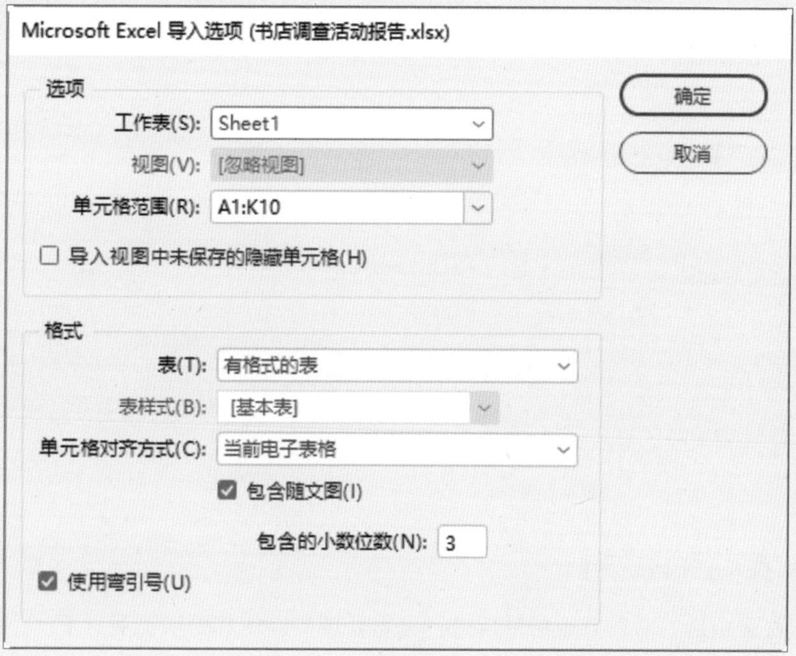

图 6-41

该对话框中主要选项的功能介绍如下。

- **工作表**：指定要导入的工作表。
- **视图**：指定是导入任何存储的自定或个人视图，或是忽略这些视图。
- **单元格范围**：指定单元格的范围时，使用冒号（如A1:K10）。如果工作表中存在指定的范围，则在"单元格范围"下拉列表框中将显示这些名称。
- **导入视图中未保存的隐藏单元格**：包括设置为Excel电子表格的未保存的隐藏单元格在内的任何单元格。
- **表**：指定的电子表格信息在文档中显示的方式，有四种方式，分别为"有格式的表""无格式的表""无格式制表符分隔文本""仅设置一次格式"。
- **表样式**：将指定的表样式应用于导入的文档，仅当选择"无格式的表"选项才可以用。
- **单元格对齐方式**：设置导入文档的单元格对齐方式。
- **包含随文图**：保留置入文档的随文图。
- **包含的小数位数**：设置表格中小数位数。
- **使用弯引号**：确保导入的文本包含左右弯引号（""）和弯单引号（''），而不包含直双引号（""）和直单引号（'）。

知识链接　表格的置入可以直接从制表软件复制粘贴到InDesign CC中，但是需要设置，在菜单栏中选择"编辑"|"首选项"|"剪贴板处理"命令，选中"所有信息（索引标志符、色板、样式等）"单选按钮，如图6-42所示。

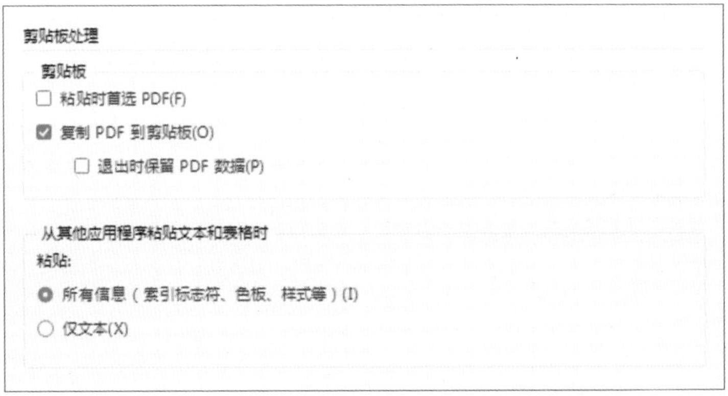

剪贴板处理

剪贴板
☐ 粘贴时首选 PDF(F)
☑ 复制 PDF 到剪贴板(O)
　　☐ 退出时保留 PDF 数据(P)

从其他应用程序粘贴文本和表格时
粘贴：
◉ 所有信息（索引标志符、色板、样式等）(I)
○ 仅文本(X)

图 6-42

6.2　表格的编辑

创建好表格后，需要对表格框架进行编辑处理，以使其更加美观，下面将对其相关操作进行详细讲解。

6.2.1　选取表格元素

单元格是构成表格的基本元素，使用"文字工具"选择单元格，有下列4种方法。

● 在要选择的单元格内单击，执行"表"|"选择"|"单元格"命令，即可选择当前单元格；

● 在要选择的单元格内单击定位光标位置，按住Shift键的同时按方向键即可选择当前单元格；

● 在要选择的单元格内单击定位光标位置，按Ctrl+/组合键即可选择当前单元格；

● 在要选择的单元格内按住鼠标向右下角拖动，若选择多个单元格、行、列，也可用这个方法。

　　选择"文字工具"，将光标移至列的上边缘或行的左边缘，当光标变为箭头形状（➡或⬇）时，单击鼠标可选择整列或整行。

6.2.2　插入行与列

对于已经创建好的表格，如果表格中的行或列不能满足要求，可以通过相关命令自由添加行与列。

1. 插入行

选择"文字工具"，在要插入行的前一行或后一行中的任意单元格中单击定位插入点，执行"表"|"插入"|"行"命令或按Ctrl+9组合键，打开"插入行"对话框，如图6-43所示。

在设置好需要的行数以及要插入行的位置后，单击"确定"按钮完成操作。效果如图6-44、图6-45所示。

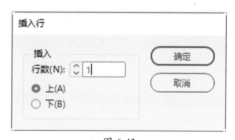

图 6-43

名称	第一季度	第二季度	第三季度	第四季度
Brian	86	95	88	92
Justin	90	88	92	96
Emmett	82	90	88	85

图 6-44

名称	第一季度	第二季度	第三季度	第四季度
Brian	86	95	88	92
Justin	90	88	92	96
Emmett	82	90	88	85

图 6-45

2. 插入列

插入列与插入行的操作相似。选择"文字工具"，在要插入列的左一行或者右一行中的任意一行单击定位，执行"表"|"插入"|"列"命令，弹出"插入列"对话框，如图6-46所示。设置好相关参数后就可以单击"确定"按钮完成插入列的操作。

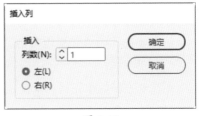

图 6-46

6.2.3　调整行和列的大小

当表格中的行或列变得过大或者过小时，可通过以下4种简便方法调整行和列的大小。

1. 直接拖动调整

直接拖动改变行、列或表格的大小，这是一种最简单、最常见的方法。

选择"文字工具"，将光标放置在要改变大小的行或列的边缘位置，当光标变成 ↔ 状时，按住鼠标向左或向右拖动，可以增大或减小列宽；当光标变成 ↕ 状时，按住鼠标向上或向下拖动，可以增大或减小行高，如图6-47、图6-48所示。

名称	第一季度	第二季度	第三季度	第四季度
Brian	86	95	88	92
Justin	90	88	92	96
Emmett	82	90	88	85

图 6-47

名称	第一季度	第二季度	第三季度	第四季度
Brian	86	95	88	92
Justin	90	88	92	96
Emmett	82	90	88	85

图 6-48

💬 技巧点拨

使用拖动的方法改变行和列的间距时，如果想不改变表格大小只修改行高或列宽，可以在拖动时按住Shift键。

2. 使用菜单命令精确调整

选择"文字工具"，在要调整的行或列的任意单元格单击，定位光标位置。若改变多行，则可以选择要改变的多行，执行"表"|"单元格选项"|"行和列"命令，弹出"单元格选项"对话框，如图6-49所示。从中设置相应的参数后单击"确定"按钮即可。

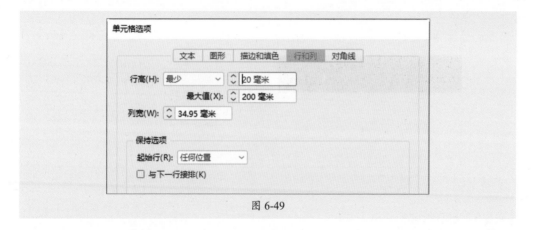

图 6-49

③. 使用"表"面板精确调整

　　除了使用菜单命令精确调整行高或列宽以外，还可以使用"表"面板来精确调整行高或列宽。

　　选择"文字工具"，在要调整的行或列的任意单元格单击，定位光标位置。如要改变多行，则可以选择要改变的多行，执行"窗口"|"文字和表"|"表"命令或按Shift+F9组合键，弹出"表"面板，如图6-50所示。设置相应的参数后按Enter键即可完成。

图 6-50

④. 调整整个表格大小

　　如果需要修改整个表的大小，选择"文字工具"，将光标放置在表格的右下角位置，当光标变为 ↘ 状时，按住鼠标向右下拖动即可放大或缩小表格。在拖动时按住Shift键，则可以将表格等比例缩放。

6.2.4　合并和拆分单元格

　　在制作表格的过程中，为了排版需要，可以将多个单元格合并成一个大的单元格，也可以将一个单元格拆分为多个小的单元格。

①. 拆分单元格

　　在InDesign中，可以将一个单元格拆分为多个单元格，即通过执行"水平拆分单元格"和"垂直拆分单元格"命令来按需拆分单元格。

　　（1）水平拆分单元格

　　使用"文字工具"选择要拆分的单元格，可以是一个或多个单元格，如图6-51所示。执行"表"|"水平拆分单元格"命令，即可将选择的单元格进行水平拆分，如图6-52所示。

名称	第一季度	第二季度	第三季度	第四季度
Brian	86	95	88	92
Justin	90	88	92	96
Emmett	82	90	88	85

图 6-51

名称	第一季度	第二季度	第三季度	第四季度
Brian	86	95	88	92
Justin	90	88	92	96
Emmett	82	90	88	85

图 6-52

（2）垂直拆分单元格

使用"文字工具"选择要拆分的单元格，可以是一个或多个单元格，如图6-53所示。执行"表"|"垂直拆分单元格"命令，即可将选择的单元格进行垂直拆分，如图6-54所示。

名称	第一季度	第二季度	第三季度	第四季度
Brian	86	95	88	92
Justin	90	88	92	96
Emmett	82	90	88	85

图 6-53

名称	第一季度	第二季度	第三季度	第四季度
Brian	86	95	88	92
Justin	90	88	92	96
Emmett	82	90	88	85

图 6-54

②.合并单元格

使用"文字工具"选择要合并的多个单元格，如图6-55所示。执行"表"|"合并单元格"命令，或者直接单击控制面板中的"合并单元格"按钮，均可直接把选择的多个单元格合并成一个单元格，如图6-56所示。

名称	第一季度	第二季度	第三季度	第四季度
Brian	86	95	88	92
Justin	90	88	92	96
Emmett	82	90	88	85

图 6-55

名称	第一季度	第二季度	第三季度	第四季度
Brian	86	95	88	92
Justin	90	88	92	96
Emmett	82	90	88	85

图 6-56

6.3 表格的应用 ///

创建表格后，可以在表格中输入文本、添加图像、嵌套表格及设置"表"面板等。

6.3.1 在表格中添加图文对象

在制作表格时，适当添加与内容相对应的图片，会增加表格的直观性，提高读者的阅读兴趣。

1. 输入文本 ──

使用"文字工具"在要输入文本的单元格中单击定位，输入文字或者是粘贴文字即可；或者执行"文件"|"置入"命令，选择目标文档置入。

2. 添加图像 ──

在表格中添加图像，方法与输入文字大致相同，可以用复制粘贴的方法或者"置入"命令，最后调试图片的大小即可，添加图片前后的效果如图6-57、图6-58所示。

图 6-57

图 6-58

> 💬 **技巧点拨**
>
> 按Ctrl+D组合键，可以快速打开"置入"对话框。调整图片大小时，可以按住Shift键拖动进行等比例缩放，保持原图规格。

6.3.2 嵌套表格

创建表格后，在其中还可以创建嵌套表格。使用"文字工具"在已有表格的相应单元格中单击，定位插入点，如图6-59所示。

图 6-59

执行"表"|"插入表"命令，打开"插入表"对话框，设置完参数后，单击"确定"按钮，完成表格嵌套，如图6-60、图6-61所示。

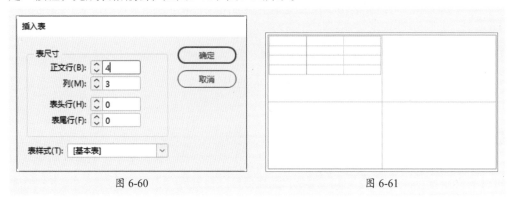

图 6-60   图 6-61

6.3.3　应用"表"面板

"表"面板是快捷设置表行数、列数、行高、列宽、排版方向、表内对齐和单元格内边距的面板，执行"窗口"|"文字和表"|"表"命令，弹出"表"面板，如图6-62所示。

图 6-62

该面板中主要选项的功能介绍如下。

- 行数▤和列数▥：设置行数和列数；
- 行高▦和列宽▧：在下拉列表中可选择"最少"和"精确"，调整行高和列宽；
- 排版方向：在下拉列表中可选择"横排"和"直排"；
- 对齐方式：▥表示上对齐，▥表示居中对齐，▥表示下对齐，▥表示撑满；
- 设置单元格边距：▥表示上单元格内边距，▥表示左单元格内边距，▥表示下单元格边距，▥表示右单元格内边距。

6.3.4　表选项

"表选项"命令可以设置表格大小、表外框、表间距和表格线、填充颜色以及表头和表尾等参数。单击"表"面板右上角处的菜单按钮，在弹出的菜单中执行"表选项"|"表设置"命令，弹出"表选项"对话框，在其中设置即可，如图6-63所示。

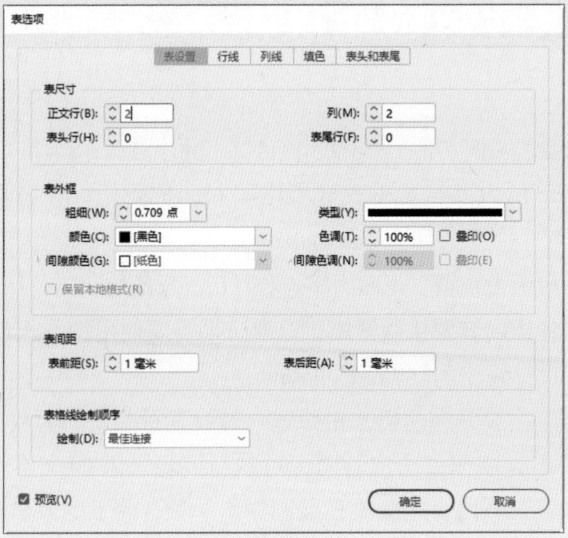

图 6-63

6.3.5 单元格选项

使用"单元格选项"命令可以设置文本、图形、描边与填色、行和列以及对角线
参数。单击"表"面板右上角处的菜单按钮,在弹出的菜单中选择"单元格选项"|
"文本"命令,弹出"单元格选项"对话框,单击对话框最上方标签可以进行设置,如
图6-64所示。

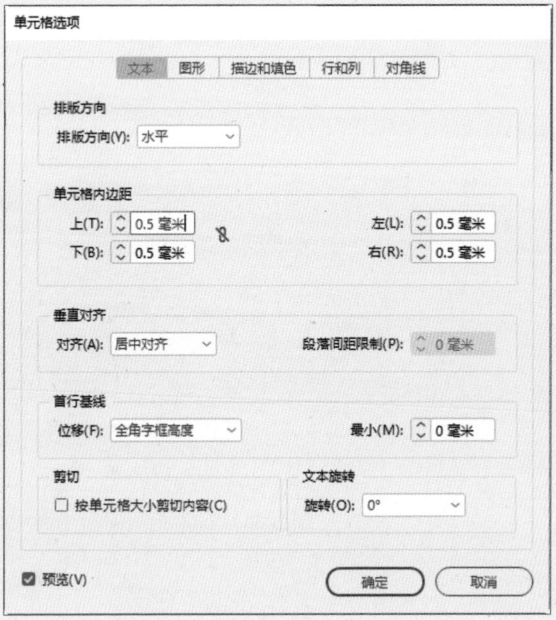

图 6-64

自己练 / 设计与制作台历

案例路径 云盘 \ 实例文件 \ 第6章 \ 自己练 \ 设计与制作台历

项目背景 某单位为了给员工发放年终福利，特委托设计公司为其制作一本台历。

项目要求 ①台历为13页，正面为插画和月历，反面为表格月历和记事本样式。

②日历内容要排版清晰，重要日期需要使用特殊颜色标明。

③设计规格为160mm×250mm。

项目分析 台历一般分为两面，正面置入背景素材，反面为放大版的月历，留有空间作为记事本。制作台历内容时，可执行"表"|"将文本转换为表格"命令，以便快速排版台历内容。版式只需制作出一种，剩下的月份直接套用即可。参考效果如图6-65和图6-66所示。

图 6-65

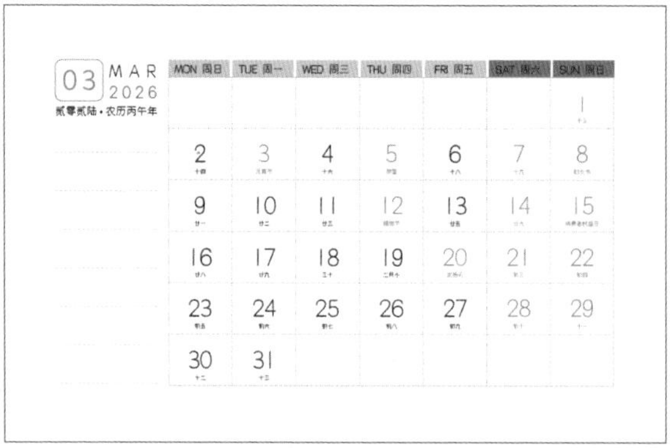

图 6-66

课时安排 2课时。

InDesign

第 **7** 章

制作三折页
——样式应用详解

本章概述

在InDesign中提供了多种可用样式。当需要对多个字符应用相同的属性时，可以创建字符样式；当需要对多个段落应用相同的属性时，可以创建段落样式；当需要对多个对象应用相同的属性时，可以创建对象样式。本章将对样式的应用进行详细介绍。

要点难点

- 字符样式 ★★☆
- 段落样式 ★★★
- 表样式 ★★☆

跟我学 设计与制作防疫宣传三折页

学习目标 三折页是日常生活中比较常见的宣传媒介，本案例将制作防疫知识宣传三折页，通过案例实操，了解三折页的设计尺寸参数，学会通过字符与段落、表格样式对表格和字符进行美化。

案例路径 云盘\实例文件\第7章\跟我学\设计与制作防疫宣传三折页

⒈ 制作第一栏

步骤01 执行"文件"|"新建"|"文档"命令，在弹出的"新建文档"对话框中设置参数，如图7-1所示。

步骤02 单击"边距和分栏"按钮，在弹出的"新建边距和分栏"对话框中设置参数，如图7-2所示。

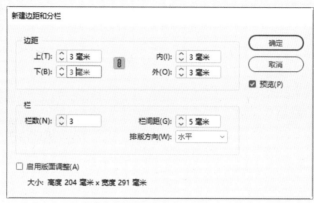

图 7-1　　　　　　　　　　图 7-2

步骤03 创建的空白文档，如图7-3所示。

步骤04 选择"矩形工具"绘制矩形，在控制面板中设置填充为无，描边为22点，如图7-4所示。

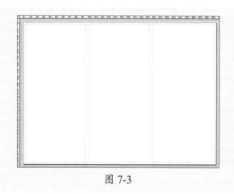
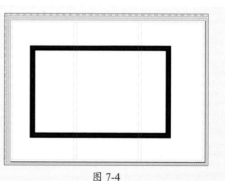

图 7-3　　　　　　　　　　图 7-4

步骤 05 使用"选择工具"调整矩形大小，使其和文档等大，如图7-5所示。

步骤 06 双击工具箱中的"填色"按钮，在弹出的"拾色器"对话框中设置参数，按Ctrl+L组合键锁定该图层，如图7-6所示。

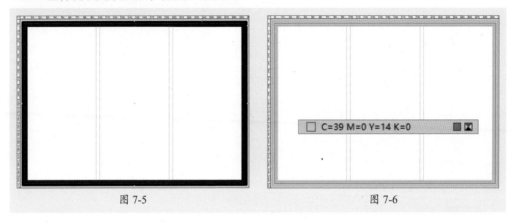

图 7-5   图 7-6

步骤 07 选择"文字工具"绘制文本框并输入文字，执行"窗口"|"文字和表"|"字符"命令，在"字符"面板中设置参数，如图7-7、图7-8所示。

图 7-7   图 7-8

步骤 08 更改文字颜色，如图7-9所示。

步骤 09 选择"直线工具"，按住Shift键绘制水平直线，在控制面板中设置参数，如图7-10所示。

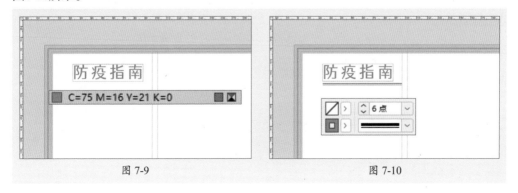

图 7-9   图 7-10

步骤 10 选择"直排文字工具"绘制文本框并输入文字,在"字符"面板中设置参数,并更改其颜色,如图7-11、图7-12所示。

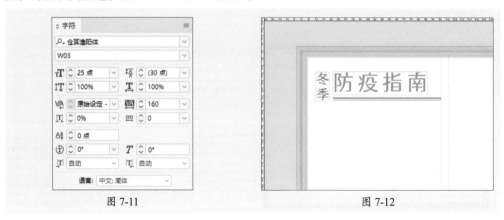

图 7-11   图 7-12

步骤 11 选择"文字工具"绘制文本框并输入文字,在"字符"面板中设置参数,如图7-13所示。

步骤 12 选中文字,执行"窗口"|"样式"|"字符样式"命令,单击"创建新样式"按钮,创建"字符样式1"样式,如图7-14所示。

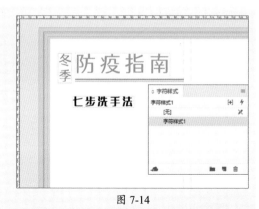

图 7-13   图 7-14

步骤 13 选择"文字工具"绘制文本框并输入文字,在控制面板中设置参数,如图7-15所示。

图 7-15

步骤 **14** 执行"文件"|"置入"命令，在弹出的对话框中选择目标素材置入并调整其大小，如图7-16所示。

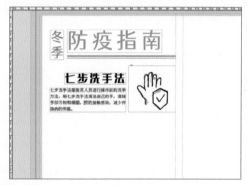

图 7-16

步骤 **15** 选择"矩形框架工具"绘制框架，执行"文件"|"置入"命令，在弹出的对话框中选择目标素材置入并调整其大小，如图7-17所示。

步骤 **16** 选择"椭圆工具"绘制直径为9毫米的正圆并填充颜色，描边为无，如图7-18所示。

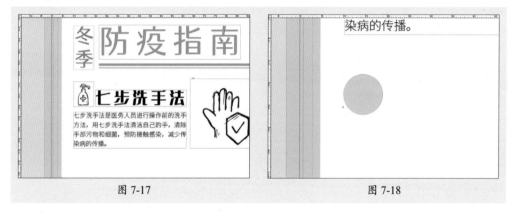

图 7-17   图 7-18

步骤 **17** 选择"文字工具"绘制文本框并输入文字，在控制面板中设置参数，使其与正圆居中对齐，如图7-19所示。

步骤 **18** 框选文字和正圆，按住Shift+Alt组合键向下垂直移动并复制，按住Shift+Ctrl+Alt+D组合键连续复制5次，如图7-20所示。

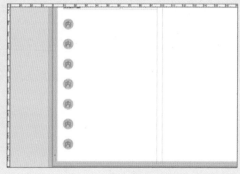

图 7-19   图 7-20

步骤 19 选择"文字工具"更改文字，框选全部文字和正圆，按Ctrl+G组合键创建编组，如图7-21所示。

步骤 20 选择"文字工具"绘制文本框并输入文字，在控制面板中设置参数，如图7-22所示。

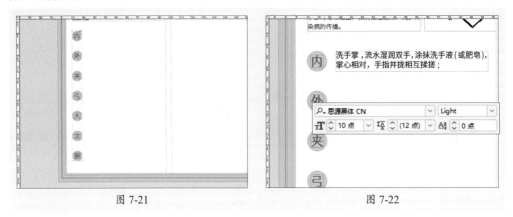

图 7-21   图 7-22

步骤 21 按住Shift+Alt组合键向下垂直移动并复制，按住Shift+Ctrl+Alt+D组合键连续复制5次，选择"文字工具"更改文字，如图7-23所示。

步骤 22 调整最后一个文本框高度，使其与正圆居中对齐，如图7-24所示。

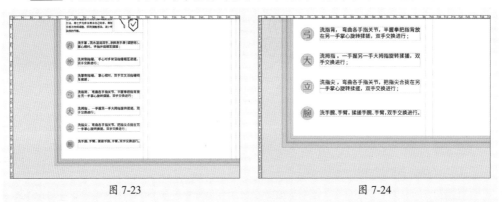

图 7-23   图 7-24

2. 制作第二栏

步骤 01 选择"矩形工具"绘制矩形，选择"吸管工具"吸取正圆的颜色，如图7-25所示。

图 7-25

步骤 02 单击黄色可编辑转角，按住Shift键调整矩形左上角锚点，如图7-26所示。

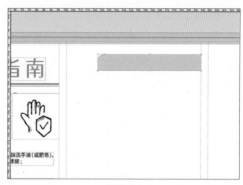

图 7-26

步骤 03 选择"文字工具"拖动绘制文本框并输入文字，按Ctrl+A组合键全选文字，单击"字符样式"面板中的"字符样式1"样式，更改文字颜色为白色，如图7-27所示。

步骤 04 选择"文字工具"拖动绘制文本框并输入文字，如图7-28所示。

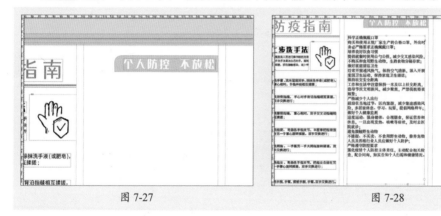

图 7-27   图 7-28

步骤 05 选择"文字工具"，选中小标题，在控制面板中设置字符参数和颜色，在"字符样式"面板中单击"创建新样式"按钮，创建"字符样式2"样式，如图7-29、图7-30所示。

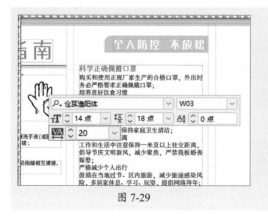

图 7-29

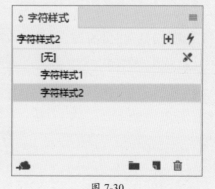

图 7-30

步骤06 选择"文字工具",选中小标题,在控制面板中设置字符参数,在"字符样式"面板中单击"创建新样式"按钮,创建"字符样式3"样式,如图7-31、图7-32所示。

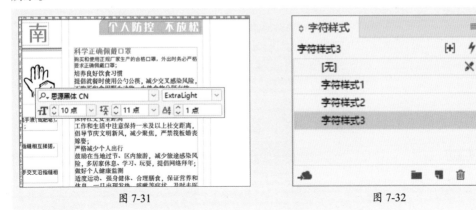

图 7-31　　　　　　　　　　　　　　　图 7-32

步骤07 分别选中小标题和内容,应用"字符样式"面板中的"字符样式1"和"字符样式2"样式,如图7-33所示。

步骤08 选择"文字工具",选中第二个小标题,在控制面板中单击"段",设置"段前间距"为2毫米，执行"窗口"|"样式"|"段落样式"命令,在弹出的面板中单击"创建新样式"按钮,创建"段落样式1"样式,如图7-34所示。

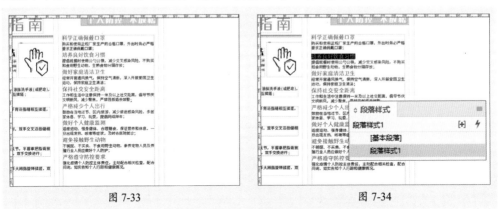

图 7-33　　　　　　　　　　　　　　　图 7-34

步骤09 分别选中小标题,应用"段落样式1",如图7-35所示。

图 7-35

步骤 **10** 选择"矩形框架工具"绘制框架，执行"文件"|"置入"命令，在弹出的对话框中选择目标素材置入并调整其大小，如图7-36所示。

图 7-36

3. 制作第三栏

步骤 **01** 选择"矩形工具"绘制矩形，选择"吸管工具"吸取正圆颜色进行填充，单击黄色可编辑转角，按住Shift键调整矩形左上角和左下角锚点，如图7-37所示。

步骤 **02** 在"字符样式1"状态下，选择"直排文字工具"绘制框架并输入文字，更改颜色和字间距，如图7-38所示。

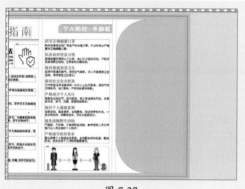

图 7-37

图 7-38

步骤 **03** 在"字符样式2"状态下，选择"文字工具"绘制框架并输入文字，如图7-39所示。

步骤 **04** 按Ctrl+A组合键全选文字，执行"表"|"将文本转换为表"命令，在弹出的面板中设置参数，如图7-40所示。

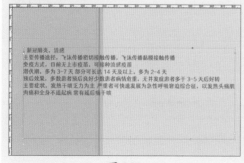

图 7-39

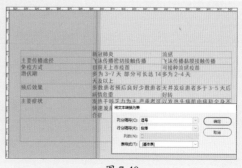

图 7-40

步骤 05 选择"文字工具",将光标放置在表格右下方调整其大小,选中表格,在控制面板中单击"居中对齐"按钮▤,如图7-41所示。

步骤 06 选中表格第一行,执行"窗口"|"文字和表"|"表"命令,在弹出的"表"面板中设置参数,如图7-42所示。

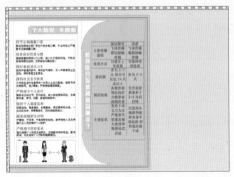

图 7-41

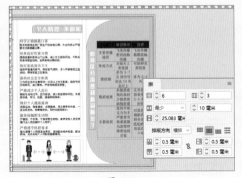

图 7-42

步骤 07 选择第2~6行的第2、3列,单击"字符样式3"样式,选中除第1行之外的表格,在"表"面板中设置参数,如图7-43所示。

步骤 08 更改字体大小,如图7-44所示。

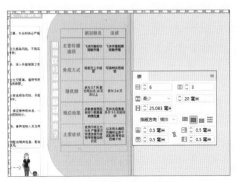

图 7-43

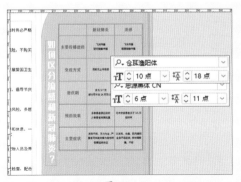

图 7-44

步骤 09 执行"窗口"|"样式"|"表样式"命令,单击面板右上方的菜单按钮,在弹出的菜单中选择"新建表样式"命令,在打开的"新建表样式"对话框中设置参数,如图7-45所示。

图 7-45

步骤 10 在对话框中选择"行线"选项并设置参数，如图7-46所示。

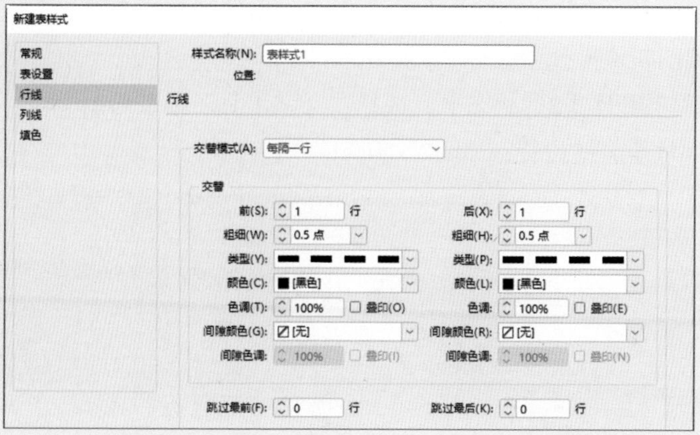

图 7-46

步骤 11 在对话框中选择"列线"选项并设置参数，如图7-47所示。

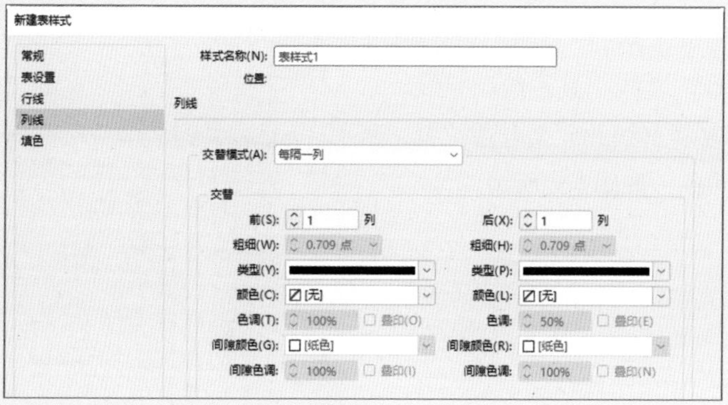

图 7-47

步骤 12 选择表格，应用"表样式1"样式，并调整表格和直排文字的位置，如图7-48所示。

步骤 13 选择"椭圆工具"绘制椭圆，在控制面板中设置参数，如图7-49所示。

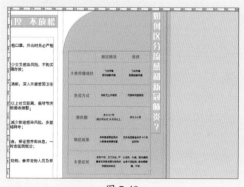

图 7-48

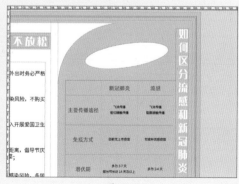

图 7-49

步骤14 选择"钢笔工具"绘制路径，填充白色。选中椭圆和路径，执行"窗口"|"对象和版面"|"路径查找器"命令，在弹出的"路径查找器"面板中单击"相加"按钮■，如图7-50所示。

步骤15 在"字符样式2"状态下，选择"文字工具"拖动绘制文本框并输入文字，调整文字角度并放至合适位置，如图7-51所示。

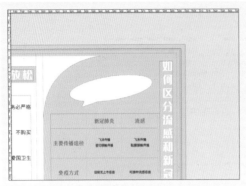

图 7-50

图 7-51

步骤16 选择"直线工具"绘制直线，按住Alt键移动复制直线并放至合适位置，更改其宽度与颜色，如图7-52所示。

图 7-52

步骤17 在"字符样式2"状态下，选择"文字工具"拖动绘制文本框并输入文字，如图7-53所示。

图 7-53

步骤18 在控制面板中更改"注意："的字体和颜色，如图7-54所示。

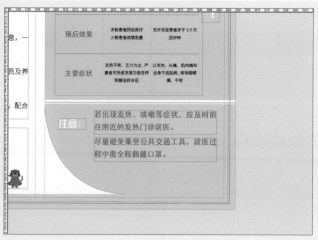

图 7-54

步骤19 调整位置，如图7-55所示。

图 7-55

至此，完成三折页宣传手册的制作。

听我讲 Listen to me

7.1 字符样式

字符样式是指具有字符属性的样式。在编排文档时，可以将创建的字符样式应用到指定的文字，这样文字将采用样式中的格式属性。

7.1.1 创建字符样式

执行"窗口"|"样式"|"字符样式"命令，弹出"字符样式"面板，如图7-56所示。单击面板右上角的菜单按钮，在弹出的菜单中选择"新建字符样式"命令，则打开"新建字符样式"对话框，如图7-57所示。

图 7-56

图 7-57

该对话框中主要选项的功能介绍如下。

- **样式名称：** 在文本框中输入样式名称。
- **基于：** 在其下拉列表中选择当前样式所基于的样式。
- **快捷键：** 添加键盘快捷键，将光标置于"快捷键"文本框中，打开NumLock键，按Shift、Alt和Ctrl键的任意组合可定义样式快捷键。
- **将样式应用于选区：** 勾选此复选框，将样式应用于选定的文本。

选择"基本字符格式"选项，此时在右侧可以设置此样式中具有的基本字符格式，如图7-58所示。用同样的方法，还可以在此对话框中分别设置字符的其他属性，如高级字符格式、字符颜色、着重号设置、着重号颜色等，设置完成后单击"确定"按钮，在"字符样式"面板中可看到新建的字符样式，如图7-59所示。

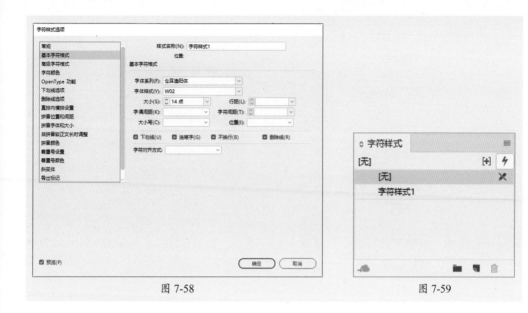

图 7-58　　　　　　　　　　　　　　　　　　　　　图 7-59

7.1.2　应用字符样式

选择需要应用样式的字符，在"字符样式"面板中单击新建的"字符样式1"样式，前后效果如图7-60、图7-61所示。这样可以在文档中快捷应用创建好的字符样式，而不用逐一设置字符样式。

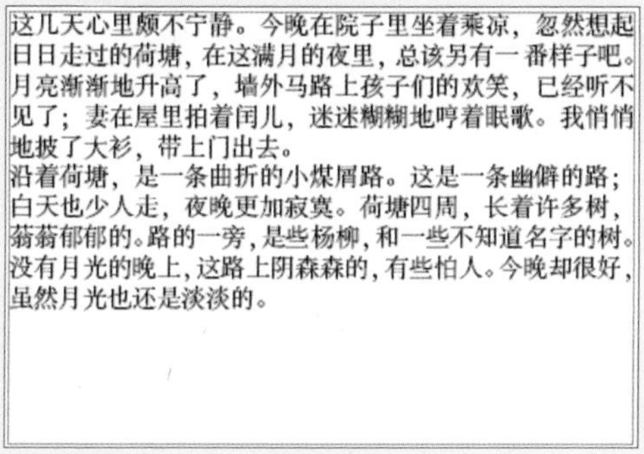

这几天心里颇不宁静。今晚在院子里坐着乘凉，忽然想起日日走过的荷塘，在这满月的夜里，总该另有一番样子吧。月亮渐渐地升高了，墙外马路上孩子们的欢笑，已经听不见了；妻在屋里拍着闰儿，迷迷糊糊地哼着眠歌。我悄悄地披了大衫，带上门出去。
沿着荷塘，是一条曲折的小煤屑路。这是一条幽僻的路；白天也少人走，夜晚更加寂寞。荷塘四周，长着许多树，蓊蓊郁郁的。路的一旁，是些杨柳，和一些不知道名字的树。没有月光的晚上，这路上阴森森的，有些怕人。今晚却很好，虽然月光也还是淡淡的。

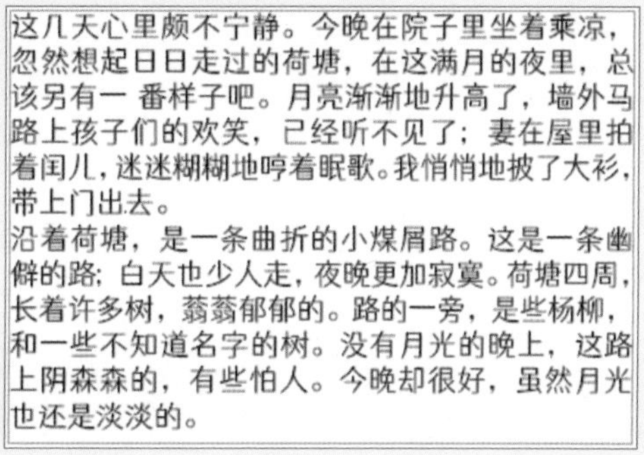

这几天心里颇不宁静。今晚在院子里坐着乘凉，忽然想起日日走过的荷塘，在这满月的夜里，总该另有一番样子吧。月亮渐渐地升高了，墙外马路上孩子们的欢笑，已经听不见了；妻在屋里拍着闰儿，迷迷糊糊地哼着眠歌。我悄悄地披了大衫，带上门出去。
沿着荷塘，是一条曲折的小煤屑路。这是一条幽僻的路；白天也少人走，夜晚更加寂寞。荷塘四周，长着许多树，蓊蓊郁郁的。路的一旁，是些杨柳，和一些不知道名字的树。没有月光的晚上，这路上阴森森的，有些怕人。今晚却很好，虽然月光也还是淡淡的。

图 7-60　　　　　　　　　　　　　　　　　　　　　图 7-61

💬 技巧点拨

若对文本框中的文字内容应用相同的字符样式，可直接使用"文字工具"在文本框中单击创建插入光标，按Ctrl+A组合键全选文字，然后单击字符样式。

7.1.3　编辑字符样式

当需要更改样式中的某个属性时，双击该样式，或者单击选中该样式，右击鼠标，在弹出的快捷菜单中选择"编辑'字符样式1'"命令，如图7-62所示。

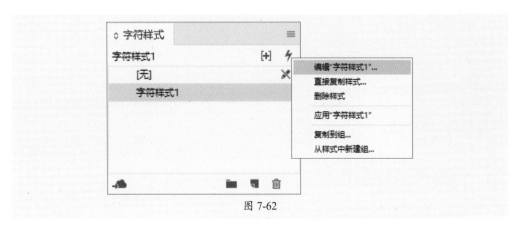

图 7-62

在弹出的"新建字符样式"对话框中更改设置，如图7-63所示。如图7-64所示为更改"字符颜色"参数效果。

图 7-63

图 7-64

7.1.4 复制与删除字符样式

在"字符样式"面板中，单击菜单按钮，在弹出的菜单中选择"直接复制样式"命令，在弹出的对话框中设置参数，单击"确定"按钮，或者将选中的样式向下拖至"创建新样式"按钮 ■ 上，复制的样式名为"字符样式1副本"，如图7-65、图7-66所示。

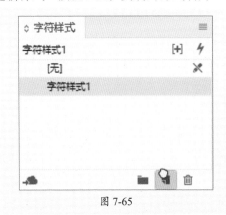

图 7-65

图 7-66

对于不再使用的字符样式，可选中样式后单击面板底部的"删除选定样式/组"按钮🗑进行删除，此时弹出提示框，在该提示框中可以选择替换的样式，如图7-67、图7-68所示。

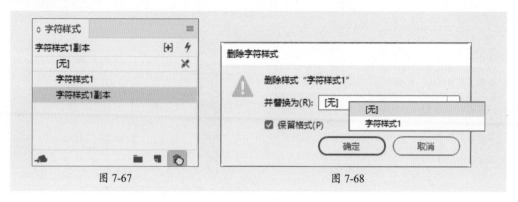

图 7-67 　　　　　　　　　　　　　　　　　　图 7-68

7.2 段落样式

段落样式能够将样式应用于文本以及对格式进行全局性修改，从而增强整体设计的一致性。

7.2.1 创建段落样式

执行"窗口"|"样式"|"段落样式"命令，弹出"段落样式"面板，如图7-69所示。单击"段落样式"面板右上角的菜单按钮，在弹出的菜单中选择"新建段落样式"命令，弹出"段落样式选项"对话框，如图7-70所示。

新建段落样式操作方法与字符样式的新建方法相同，在"新建段落样式"对话框中设置参数，单击"确定"按钮即可。

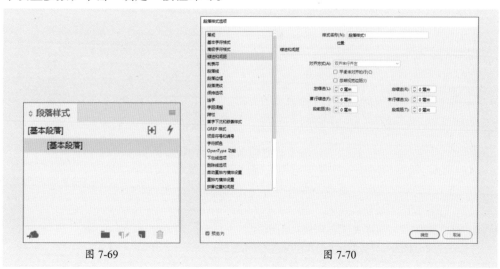

图 7-69 　　　　　　　　　　　　　　　　　　图 7-70

7.2.2 应用段落

选择需要应用样式的段落，在“段落样式”面板中单击新建的样式“段落样式1”，前后效果如图7-71、图7-72所示。随后用与字符样式同样的方法，为文档快捷应用段落样式，而不用逐一设置段落样式。

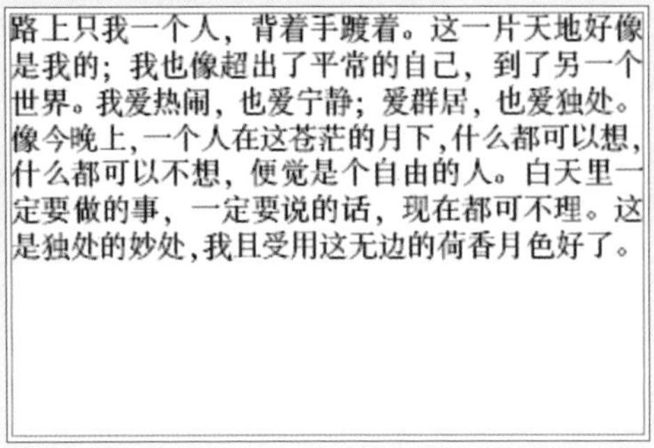

路上只我一个人，背着手踱着。这一片天地好像是我的；我也像超出了平常的自己，到了另一个世界。我爱热闹，也爱宁静；爱群居，也爱独处。像今晚上，一个人在这苍茫的月下，什么都可以想，什么都可以不想，便觉是个自由的人。白天里一定要做的事，一定要说的话，现在都可不理。这是独处的妙处，我且受用这无边的荷香月色好了。

图 7-71

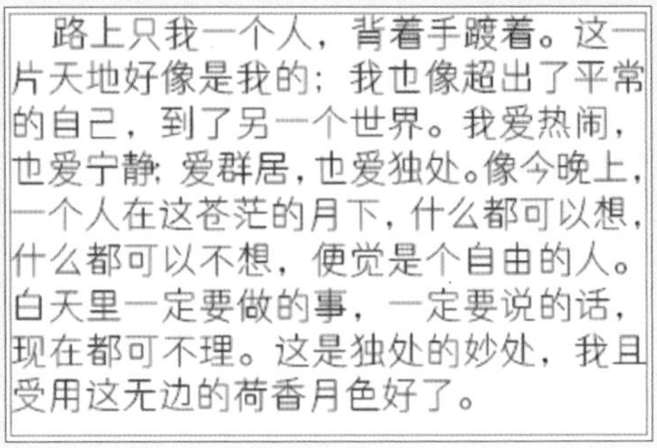

路上只我一个人，背着手踱着。这一片天地好像是我的；我也像超出了平常的自己，到了另一个世界。我爱热闹，也爱宁静；爱群居，也爱独处。像今晚上，一个人在这苍茫的月下，什么都可以想，什么都可以不想，便觉是个自由的人。白天里一定要做的事，一定要说的话，现在都可不理。这是独处的妙处，我且受用这无边的荷香月色好了。

图 7-72

7.2.3 编辑段落样式

编辑段落样式和编辑字符样式的方法类似，在“段落样式”面板中双击需要更改的段落样式，或右键单击要更改的段落样式，在弹出的快捷菜单中选择“编辑‘段落样式1’”命令，弹出对话框即可重新编辑。如图7-73、图7-74所示为更改“段落边框”参数及效果。

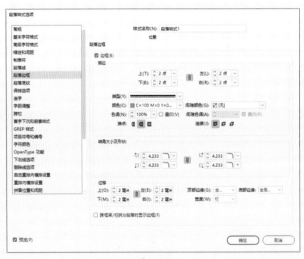

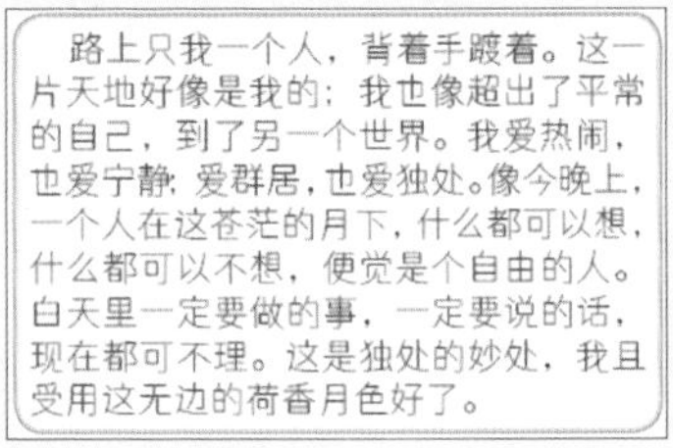

段落样式选项
常规
基本字符格式
高级字符格式
缩进和间距
制表符
段落线
段落边框
段落底纹
保持选项
连字
字距调整
跨栏
首字下沉和嵌套样式
GREP 样式
项目符号和编号
字符颜色
OpenType 功能
下划线选项
删除线选项
自动直排内横排设置
直排内横排设置
拼音位置和间距
样式名称(N): 段落样式1
位置
段落边框
边框(B)
描边
类型(Y):
颜色(C):
色调(N):
转角大小及形状:
位移
跨框架/栏拆分段落时显示边框(F)
预览(P)
确定
取消

路上只我一个人，背着手踱着。这一片天地好像是我的；我也像超出了平常的自己，到了另一个世界。我爱热闹，也爱宁静；爱群居，也爱独处。像今晚上，一个人在这苍茫的月下，什么都可以想，什么都可以不想，便觉是个自由的人。白天里一定要做的事，一定要说的话，现在都可不理。这是独处的妙处，我且受用这无边的荷香月色好了。

图 7-73　　图 7-74

知识链接

更改样式后，所有应用该样式的文字都会重新应用更改后的样式。若只更改部分样式，可复制样式后再进行修改编辑。

7.3 表样式

表样式适合将内容组织成行和列，通过使用表样式，可以轻松便捷地设置表的格式，就像使用段落样式和字符样式设置文本的格式一样。表样式能够控制表的视觉属性，包括表边框、表前间距和表后间距、行描边和列描边以及交替填色模式。

7.3.1 创建表样式

执行"窗口"|"样式"|"表样式"命令，弹出"表样式"面板，单击面板上的菜单按钮，在弹出的菜单中选择"新建表样式"命令，弹出"新建表样式"对话框，选择"表设置"选项，在"表外框"区域可以设置表外框的相关参数，如图7-75所示。

图 7-75

在"新建表样式"对话框中选择"行线"选项，在右侧的"交替模式"下拉列表框中可选择行线的交替模式；在"交替"区域中可设置行线的粗细、类型、颜色、色调等，如图7-76所示。

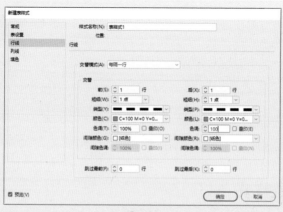

图 7-76

在"新建表样式"对话框中选择"列线"选项,在右侧的"交替模式"下拉列表框中可选择列线的交替模式;在"交替"区域中可设置"前1列"和"后1列"的属性,如图7-77所示。

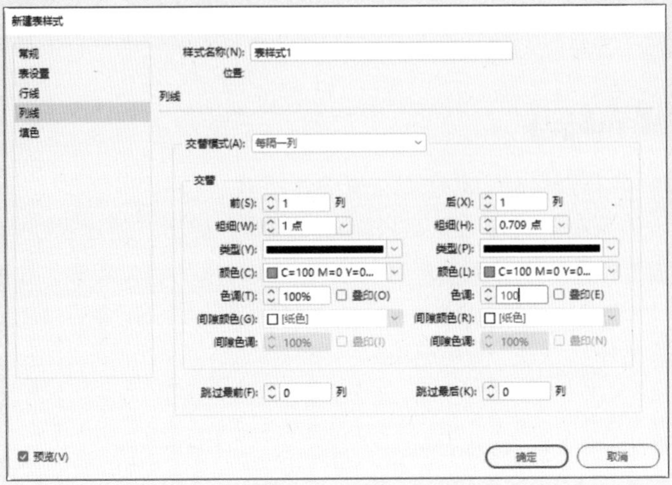

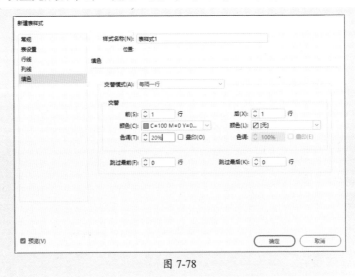

图 7-77

在"新建表样式"对话框中选择"填色"选项,在右侧的"交替模式"下拉列表框中选择行线的交替模式;在"交替"区域中可设置前几行和后几行的填色属性,如图7-78所示。设置完成后单击"确定"按钮,即可创建一个新的表样式。

图 7-78

7.3.2　应用表样式

选择需要应用样式的段落,在"表样式"面板中单击"表样式1"样式,应用样式前后效果如图7-79、图7-80所示。

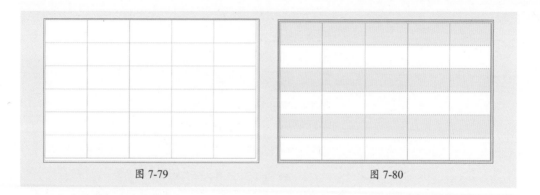

| 图 7-79 | 图 7-80 |

7.3.3 编辑表样式

双击"表样式"面板中要编辑的样式或在要编辑的样式上单击右键，在弹出的快捷菜单中选择"编辑'表样式1'"命令，即可在弹出的对话框中重新编辑样式。如图7-81、图7-82所示为更改表设置参数及效果。

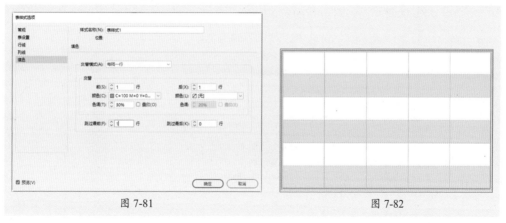

| 图 7-81 | 图 7-82 |

7.4 创建和应用对象样式

对象样式能够将格式应用于图形、文本和框架。使用"对象样式"面板，可以快速设置文档中的图形与框架的格式，还可以添加透明度、投影、内阴影、外发光、内发光、斜面和浮雕等效果；同样也可以为对象、描边、填色和文本分别设置不同的效果。

7.4.1 创建对象样式

使用"对象样式"面板可创建、命名和应用对象样式。对于每个新文档，该面板最初将列出一组默认的对象样式。执行"窗口"|"样式"|"对象样式"命令，弹出"对象样式"面板，如图7-83所示。

图 7-83

该对面板中主要选项的功能介绍如下。

● **基本图形框架**□：标记图形框架的默认样式；

● **基本文本框架**⊞：标记文本框架的默认样式；

● **基本网格**⊞：标记框架网格的默认样式。

单击"对象样式"面板右上角的菜单按钮，在弹出的菜单中选择"新建对象样式"命令，弹出"对象样式选项"对话框，如图7-84所示。

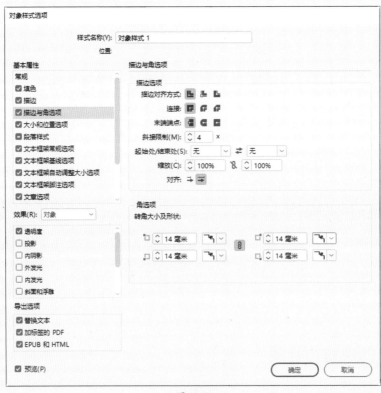

图 7-84

7.4.2　应用对象样式

选择需要应用样式的对象，在"对象样式"面板中单击"对象样式1"样式，应用样式前后效果如图7-85、图7-86所示。

图 7-85

图 7-86

💬 **技巧点拨**

如果将对象样式应用于一组对象，则该对象样式将应用于对象组中的每个对象。要为一组对象应用对象样式，可将这些对象嵌套在一个框架内。

自己练/设计与制作单色书籍内页

案例路径 云盘\实例文件\第7章\自己练\设计与制作单色书籍内页

项目背景 此案例为一本书的对开内页，页面元素包含页眉页脚、各级标题、正文段落、背景底纹等。

项目要求 ①颜色以黑色为主。

②页面排版清晰，页眉、页脚、字体、字号、行间距设置规范、严谨。

③设计规格为260mm×185mm。

项目分析 本次案例主要使用的是文字工具，绘制文本框架，依次输入标题内容，执行"文件"|"置入"命令置入文本内容。在"字符"面板中设置字体、字号，在"段落"面板中设置行间距。参考效果如图7-87所示。

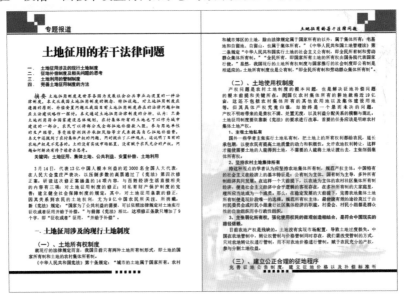

图 7-87

课时安排 2课时。

InDesign

第**8**章

制作宣传册
——版面管理详解

本章概述

　　版面管理是排版工作中最基本的技能。单独的文档排版并没有版面管理方面的要求，但是如果编辑多文档画册或书籍，版面管理工作则是非常有必要的。InDesign提供的版面管理功能，可以方便地为用户提供多文档或书籍的整体规划与统一整合，进而提高工作效率。

要点难点

- 页面和跨页 ★★☆
- 主页 ★☆☆
- 编排页码 ★★★

跟我学 / 设计与制作企业宣传册

学习目标 通过学习本案例，可以了解宣传册的基本制作思路，学会如何通过设置主页样式快速制作多页宣传册。其中也涉及"样式"面板的知识。

案例路径 云盘 \ 实例文件 \ 第8章 \ 跟我学 \ 设计与制作企业宣传册

步骤 01 执行"文件" | "新建" | "文档"命令，在弹出的"新建文档"对话框中设置参数，如图8-1所示。

步骤 02 单击"边距和分栏"按钮，在弹出的"新建边距和分栏"对话框中设置参数，如图8-2所示。

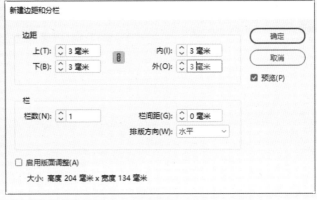

图 8-1 图 8-2

步骤 03 按F12键，在弹出的"页面"面板中选择页面8，单击右上角的菜单按钮，取消勾选"允许文档页面随机排布"和"允许选定的跨页随机排布"选项，如图8-3所示。

步骤 04 拖动页面8至页面1右方，如图8-4、图8-5所示。

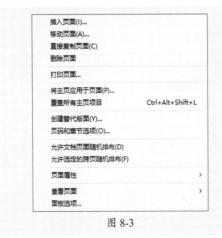

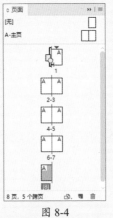

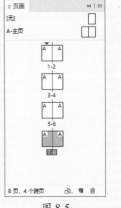

图 8-3 图 8-4 图 8-5

步骤 05 选择"矩形框架工具"绘制框架,执行"文件"|"置入"命令,置入素材文件并调整其大小,如图8-6所示。

步骤 06 选择"矩形工具"绘制矩形,填充颜色,描边为无,设置不透明度为80%,如图8-7所示。

图 8-6   图 8-7

步骤 07 选择"文字工具"拖动绘制文本框并输入文字,按Ctrl+T组合键,在弹出的"字符"面板中设置参数,如图8-8、图8-9所示。

图 8-8   图 8-9

步骤 08 按住Shift+Alt组合键向下垂直移动复制文本框,更改文字并调整大小,如图8-10所示。

图 8-10

步骤09 选择"文字工具"拖动绘制文本框并输入文字，在控制面板中设置参数，如图8-11所示。

图 8-11

步骤10 选择"文字工具"拖动绘制文本框并输入文字，在控制面板中设置参数，如图8-12所示。

步骤11 选择"矩形框架工具"绘制框架，执行"文件"|"置入"命令置入素材文件，在控制面板中单击"按比例填充框架"按钮▣，如图8-13所示。

图 8-12

图 8-13

步骤12 使用"直接选择工具"调整置入的图像，在控制面板中设置不透明度为60%，如图8-14所示。

步骤13 在"页面"面板中双击"A-主页"，如图8-15所示。

图 8-14

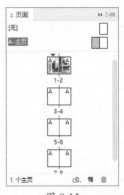

图 8-15

步骤 14 选择"钢笔工具"，按住Shift键绘制路径，在控制面板中设置参数，如图8-16所示。

步骤 15 选择"直线工具"，按住Shift键绘制直线，在控制面板中设置参数，如图8-17所示。

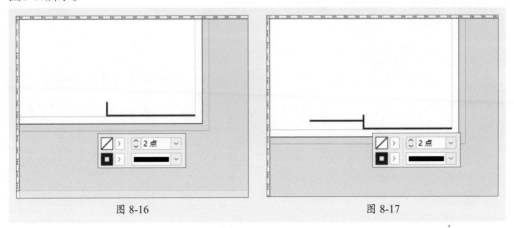

图 8-16   图 8-17

步骤 16 选择"文字工具"拖动绘制文本框并输入文字，在控制面板中设置参数，如图8-18所示。

步骤 17 选择"矩形工具"绘制矩形并填充颜色，设置不透明度为80%，调整整体位置，如图8-19所示。

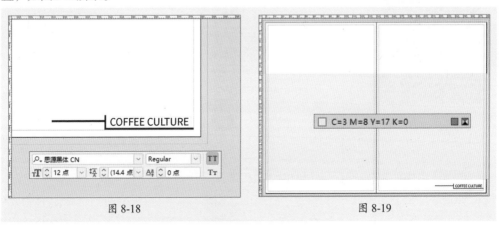

图 8-18   图 8-19

 在InDesign中置入不同颜色模式的图像，设置不透明度会应用到全部图像。

步骤 18 在"页面"面板中双击页面1，退出主页编辑状态，如图8-20所示。

步骤 19 在"页面"面板中将"无"选项分别拖动至页面1和页面2中，取消主页样式，如图8-21所示。

图 8-20 图 8-21

步骤 20 选择"矩形框架工具"绘制框架，执行"文件"|"置入"命令，置入素材文件并调整其大小，如图8-22所示。

步骤 21 选择"文字工具"拖动绘制文本框并输入文字，在控制面板中设置参数，选中文字，按Shift+F11组合键，在弹出的"字符样式"面板中单击"创建新样式"按钮，新样式重命名为"引文"，如图8-23所示。

图 8-22 图 8-23

步骤 22 选择页面2中的"CULTURET"，按住Alt键移动复制至页面4并更改文字，在"字符样式"面板中单击"创建新样式"按钮，新样式重命名为"标题"，如图8-24所示。

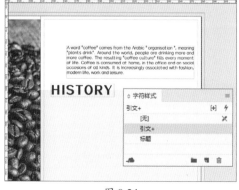

图 8-24

步骤23 选择"直线工具"，按住Shift键绘制直线，在控制面板中设置参数，如图8-25所示。

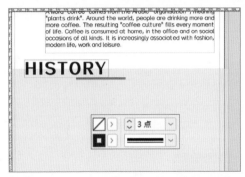

图 8-25

步骤24 选择"文字工具"拖动绘制文本框并输入文字，在"字符样式"面板中单击"创建新样式"按钮，新样式重命名为"正文"，如图8-26所示。

步骤25 复制标题文字，更改其大小和颜色，如图8-27所示。

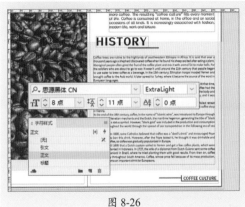

图 8-26

图 8-27

步骤26 选择"文字工具"拖动绘制文本框并输入文字，应用字符样式"引文"，如图8-28所示。

步骤27 选择"矩形框架工具"绘制框架，执行"文件"|"置入"命令，置入素材文件并调整其大小，如图8-29所示。

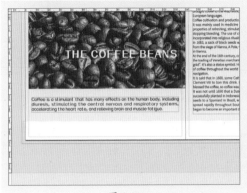

图 8-28

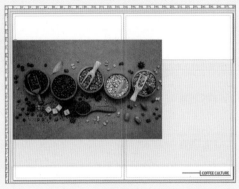

图 8-29

步骤 28 选择"文字工具"拖动绘制文本框并输入文字，应用字符样式"标题"，如图8-30所示。

步骤 29 选择"文字工具"拖动绘制文本框并输入文字，应用字符样式"正文"，如图8-31所示。

图 8-30   图 8-31

步骤 30 选择"文字工具"拖动绘制文本框并输入文字，应用字符样式"正文"，如图8-32所示。

步骤 31 选择"矩形框架工具"绘制框架，如图8-33所示。

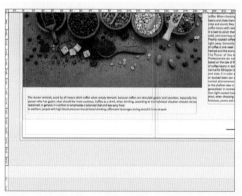

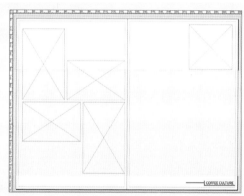

图 8-32   图 8-33

InDesign中创建的框架可以置入图像，也可以置入文字。创建多个框架时，可借助智能参考线进行对齐排列。

步骤 32 执行"文件"|"置入"命令，置入素材文件并调整其大小，如图8-34所示。

步骤 33 选择"文字工具"拖动绘制文本框并输入文字，应用"标题"字符样式，调整字体大小为24点，如图8-35所示。

图 8-34   图 8-35

步骤 34 选择"文字工具"拖动绘制文本框并输入文字，应用"标题"字符样式，分别选中文本框中的第一行小标题，应用"引文"字符样式，在控制面板中设置"行距"为15点，如图8-36所示。

步骤 35 最终效果如图8-37所示。

图 8-36   图 8-37

至此，完成宣传册的制作。

学 习 心 得

8.1 页面和跨页

在InDesign中，页面是指单独的页面，是文档的基本组成部分；跨页是一组可同时显示的页面，例如在打开书籍或杂志时同时看到的两个页面。可以使用"页面"面板、页面导航栏或页面操作命令对页面进行操作，其中"页面"面板是页面的重要操作方式。

8.1.1 "页面"面板

执行"窗口"|"页面"命令，弹出"页面"面板，如图8-38所示。"页面"面板中提供了关于页面、跨页和主页的相关信息。默认情况下，只显示每个页面内容的缩览图。

图 8-38

单击菜单按钮，在弹出的菜单中选择"面板选项"，将打开"面板选项"对话框，如图8-39所示。

该对话框中主要选项的含义介绍如下。

- **大小**：在下拉列表中可以为页面和主页选择一种图标大小。
- **显示缩览图**：选择该复选框，可显示每一页面或主页的内容缩览图。
- **垂直显示**：选择该复选框，可在一个垂直列中显示跨页；取消选中此复选框，可以使跨页并排显示。
- **图标**：在此选项组中可以对"透明度""跨页旋转"与"页面过渡效果"进行设置。
- **面板版面**：设置面板版面的显示方式。可以选择"页面在上"或"主页在上"。

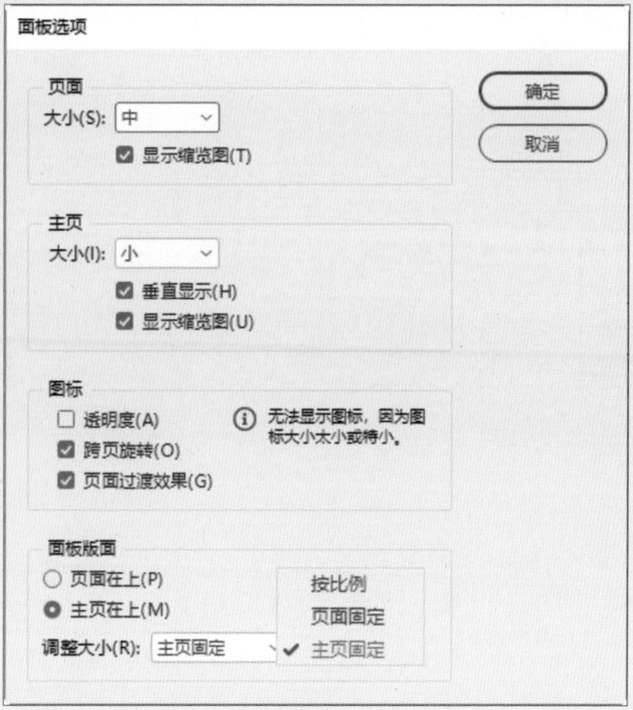

图 8-39

● **调整大小**：在该下拉列表框中可以选择"按比例"，同时调整面板"页面"和 "主页"部分的大小；"页面固定"，保持"页面"部分的大小不变，而只调整 "主页"部分的大小；"主页固定"，保持"主页"部分的大小不变，而只调整 "页面"部分的大小。

8.1.2　选择、定位页面或跨页

编辑页面或跨页在版面管理中是最基本也是最重要的一部分。选择、定位页面或跨页可以方便地对页面或跨页进行操作，还可以对页面或跨页中的对象进行编辑操作。

● 若要选择页面，则可在"页面"面板中按住Ctrl键单击某一页面。
● 若要选择跨页，则可在"页面"面板中按住Shift键单击某页面。
● 若要定位页面所在视图，则可在"页面"面板中双击某一页面。
● 若要定位跨页所在视图，则可在"页面"面板中双击跨页下的页码。

8.1.3　创建多个页面

若要在某一页面或跨页之后创建页面，可单击"页面"面板底部的"新建页面"按钮 📄。

若要添加页面并指定文档主页，可以在"页面"面板中单击菜单按钮，在弹出的菜单中选择"插入页面"命令，打开"插入页面"对话框，如图8-40、图8-41所示。

图 8-40   图 8-41

每个跨页最多包括10个页面，但是大多数文档都只使用两页跨页。为确保文档只包含两页跨页，需单击"页面"面板中的菜单按钮，在弹出的菜单中选择"允许页面随机排布"命令，防止意外分页。

8.1.4 移动页面或跨页

将选中的页面或跨页图标拖到所需位置。在拖动时，竖条将指示释放该图标时页面显示的位置。若黑色的矩形或竖条接触到跨页，页面将扩展该跨页，否则文档页面将重新分布，如图8-42、图8-43所示。

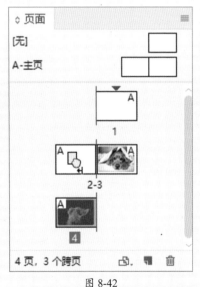

图 8-42   图 8-43

8.1.5 调整页面位置

若要调整页面位置，选中目标页面，右击鼠标，在弹出的快捷菜单中取消勾选"允许文档页面随机排布"和"允许选定的跨页随机排布"选项，如图8-44、图8-45所示。

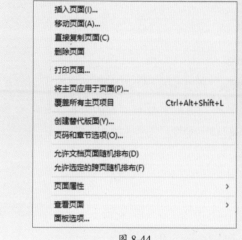

图 8-44   图 8-45

在"页面"面板中拖动页面至目标位置，效果如图8-46、图8-47所示。

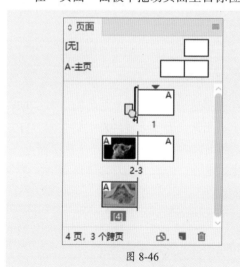

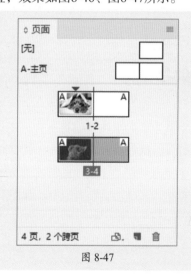

图 8-46   图 8-47

8.1.6 复制页面或跨页

复制页面或跨页的方法有以下3种。

● 选择要复制的页面或跨页，将其拖动到"页面"面板的"新建页面"按钮 上，新建页面或跨页将显示在文档的末尾。

● 选择要复制的页面或跨页，单击"页面"面板右上方的菜单按钮，在弹出的菜单中选择"复制页面"或"直接复制跨页"命令，新建页面或跨页将显示在文档的末尾。

● 在"页面"面板中按住Alt键不放，并将页面图标或跨页下的页面范围号码拖动到新位置。

8.1.7 删除页面或跨页

删除页面或跨页有以下3种方法。

● 在"页面"面板中选择要删除的页面或跨页，单击"删除选定页面"按钮 🖮 。

● 在"页面"面板中选择要删除的页面或跨页，将其拖曳到"删除选定页面"按钮上。

● 在"页面"面板中选择要删除的页面或跨页，单击面板右上方的菜单按钮，在弹出的菜单中选择"删除页面"或"删除跨页"命令。

8.2 主页

使用主页可以为文档设置背景，并将相同内容快速应用到许多页面中。主页中的文本或图形对象，例如，页码、标题、页脚等，将显示在应用该主页的所有页面上。对主页进行的更改将自动应用到关联的页面。主页还可以包含空的文本框架或图形框架，以作为页面上的占位符。与页面相同，主页可以具有多个图层，主页图层中的对象将显示在文档页面的同一图层对象的后面。

8.2.1 创建主页

新建文档时，在"页面"面板的上方将出现两个默认主页，一个是名为"无"的空白主页，应用此主页的工作页面将不含有任何主页元素；另一个是名为"A-主页"的主页，该主页可以根据需要对其作更改，其页面上的内容将自动出现在各个工作页面上。

要创建主页，单击"主页"面板右上方的菜单按钮，在打开的菜单中选择"新建主页"命令，弹出"新建主页"对话框，如图8-48所示。

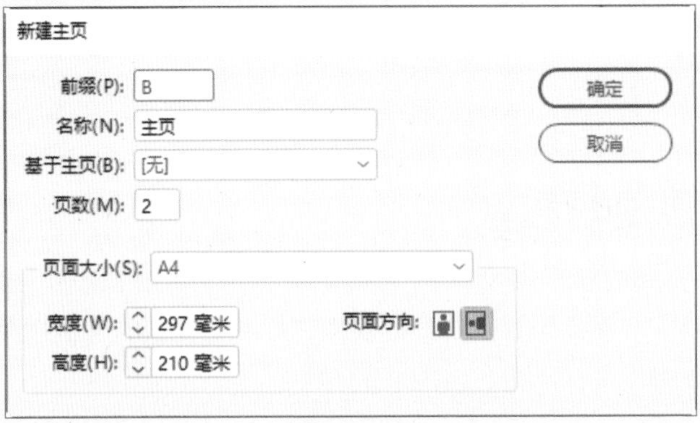

图 8-48

该对话框中主要选项的功能介绍如下。

● **前缀：**设置一个前缀以标识"页面"面板中各个页面所应用的主页。最多可以输入4个字符。

● **名称：**设置主页或跨页的名称。

● **基于主页：**选择一个要以其作为此主页或跨页基础的现有主页或跨页，或选择"无"。

● **页数：**设置作为主页或跨页中要包含的页数（最多为10）。

知识链接　　基于主页的页面图标将标有基础主页的前缀，基础主页的任何内容发生变化都将直接影响所有基于该主页所创建的页面。

8.2.2　应用主页

根据需要可以随时编辑主页的版面，所做的更改将自动反映到应用该主页的所有页面中。

在"页面"面板中，双击要编辑的主页图标，主页跨页将显示在文档编辑窗口中，此时可以对主页进行更改，如创建或编辑主页元素（如文字、图形、图像、参考线等），还可以更改主页的名称、前缀、将主页基于另一个主页或更改主页跨页中的页数等。

8.2.3　覆盖或分离主页对象

将主页应用于页面时，主页上的所有对象均显示在文档页面上。要重新定义某些主页对象及其属性，可以使用覆盖或分离主页对象方法。

1. 覆盖主页对象

可以有选择地覆盖主页对象的一个或多个属性，以便对其进行自定义，而无须断开其与主页的关联。其他没有覆盖的属性，如颜色或大小等，将继续随主页更新。可以覆盖的主页对象属性包括描边、填色、框架的内容与相关变换。

知识链接　　若覆盖了特定页面中的主页项目，则可以重新应用该主页。

若要覆盖页面或跨页中的主页对象，则可以按住Ctrl+Shift组合键选择跨页上的任何主页对象。然后根据需要编辑对象属性，但该对象仍将保留与主页的关联。

若要覆盖所有的主页项目，则可以单击"页面"面板右上方的菜单按钮，在弹出的菜单中选择"覆盖全部主页项目"命令，这样便能够根据需要选择和更改全部主页项目。

2. 分离主页对象

在页面中，可以将主页对象从其主页中分离，执行该操作时，该对象将被复制到页面中，其与主页的关联将断开，分离的对象将不随主页更新。

若要将页面中单个主页对象从其主页分离，则可以按住Ctrl+Shift组合键选择跨页上的任何主页对象，再单击"主页"面板右上方的菜单按钮，在弹出的菜单中选择"从主页分离选区"命令。

若要分离跨页中的所有已被覆盖的主页对象，则可以单击"主页"面板右上方的菜单按钮，在弹出的菜单中选择"从主页分离选区"命令。

"从主页分离选区"命令可以分离跨页上的所有已被覆盖的主页对象，而不是全部主页对象。若要分离跨页上的所有主页对象，要首先覆盖所有主页项目。

8.2.4　重新应用主页对象

若分离了主页对象，将无法恢复它们为主页，但是可以删除分离对象，然后将主页重新应用到该页面。

若已经覆盖了主页对象，则可以对其进行恢复以与主页匹配。执行该操作时，对象的属性将恢复为其在对应主页上的状态，而且编辑主页时，对象将再次更新。可以移去跨页上的选定对象或全部对象的覆盖，但是不能一次性为整个文档执行该操作。

要对已经覆盖的主页对象重新应用主页对象，可以执行下列操作之一。

● 要从一个或多个对象移去主页覆盖，可以在跨页中选择覆盖的主页对象，单击"主页"面板右上方的菜单按钮，在弹出的菜单中选择"移去选中的本地覆盖"命令。

● 要从跨页中移去所有主页覆盖，单击"主页"面板右上方的菜单按钮，在弹出的菜单中选择"移去选中的本地覆盖"命令。

8.3　设置版面

在InDesign中，框架是容纳文本、图片等对象的容器，也可以作为占位符，即不包含任何内容。作为容器或占位符时，框架是版面的基本构造块，也是设置版面的重要元素。

8.3.1　使用占位符设计页面

在InDesign中，将文本或图形添加到文档，系统将会自动创建框架，可以在添加文本或图形前使用框架作为占位符，以进行版面初步设计。

使用"文字工具"可以创建文本框架，使用"框架工具"可以创建图形框架。将空文本框架串接到一起，只需一个步骤就可以完成最终文本的导入。也可以使用绘图工具绘制空形状，例如"矩形工具"，为文本或图形重新定义占位符框架。

8.3.2 版面自动调整

InDesign CC的版面自动调整功能非常出色，用户可以随意更改页面大小、方向、边距或栏的版面设置。若启用版面调整，将按照设置逻辑规则自动调整版面中的框架、文字、图片、参考线等。

要启用版面自动调整，执行"版面"|"自适应版面"命令，弹出"自适应版面"面板，如图8-49所示。单击面板右上方的菜单按钮，在弹出的菜单中选择"版面调整"命令，从中进行选择并单击"确定"按钮即可，如图8-50所示。

图 8-49

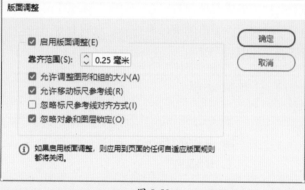

图 8-50

"版面调整"对话框中主要选项的功能介绍如下。

- **启用版面调整：**勾选此复选框，将启用版面调整，则每次更改页面大小、页面方向、边距或分栏时都将进行版面自动调整。

- **靠齐范围：**在文本框中设置要使对象在版面调整过程中靠齐最近的边距参考线、栏参考线或页面边缘，以及该对象需要与其保持多近的距离。

- **允许调整图形和组的大小：**勾选此复选框，则在版面调整时将允许缩放图形、框架与组；否则只可移动图形与组，但不能调整其大小。

- **允许移动标尺参考线：**勾选此复选框，则在版面调整时将允许调整参考线的位置。

- **忽略标尺参考线对齐方式：**勾选此复选框，则将忽略标尺参考线对齐方式。若参考线不适合版面，则可选择此复选框。

- **忽略对象和图层锁定：**勾选此复选框，则在版面调整时将忽略对象和图层锁定。

知识链接 启用版面自动调整不会立即更改文档中的任何内容，只有在更改页面大小、页面方向、边距或分栏设置以及应用新主页时才能触发版面调整。

8.4 编排页码

对图而言，页码是相当重要的，在目录编排中也要用到页码，下面介绍在出版物中如何添加和管理页码。

8.4.1 添加页码和章节编号

在文档中，能指定不同页面的页码，如一本书的目录部分可能使用罗马数字作为页码的编号，正文用阿拉伯数字编号，它们的页码都是从"1"开始的，InDesign可以在同一个文档中提供多种编号。在"页面"面板中选中要更改页码的页面，单击面板右上方的菜单按钮，在弹出的菜单中选择"页码和章节选项"命令，打开"页码和章节选项"对话框，如图8-51所示。

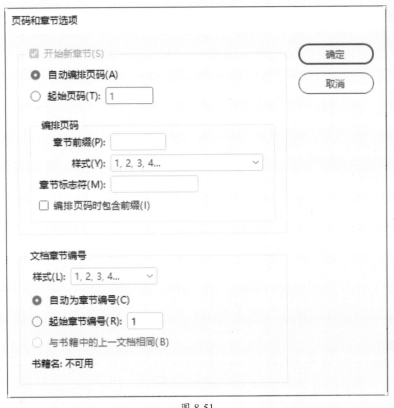

图 8-51

该对话框中主要选项的功能介绍如下。

- **自动编排页码**：当选中此选项时，如果在此部分之前增加或减少页面，则这个部分的页数将自动地参照前面的页码自动更新。
- **起始页码**：设置"起始页码"，则本章节的后续各页将按此页码编排，直到遇到另一个章节页码编排标识。在这里应输入一个具体的阿拉伯数字。

● **章节前缀：** 在此右侧输入框可输入此章节页码的前缀，这个前缀将出现在文件视窗左下角的快速页面导航器中，并且将会出现在目录中。

● **样式：** 通过此选项可以选择页码的编排样式，它是一个下拉列表，可以在其中选择3位或4位数阿拉伯数字、大小写罗马字符、大小写英文字母等样式，如果使用的是支持中文排版的版本，可能还有大写中文页码等选项。

● **章节标志符：** 可以在此处输入此章节的标记文字，在以后的编辑中可以通过执行"文字"|"插入特殊字符"|"插入章节标记"命令来插入此处的标记文字。

8.4.2　对页面和章节重新编号

默认情况下，书籍或文档中的页码是连续编号的，也可以对页面和章节重新编号，可以按指定的页码重新开始编号、更改编号样式，向页码中添加前缀和章节标志符文本。

8.5　处理长文档

InDesign中，长文档的管理与控制功能更加强大，使用书籍、目录、索引、脚注和数据合并等组织长文档，可以将相关的文档分组到一个书籍文件中，也可以按顺序给页面和章节编号，还可以共享样式、色板和主页以及打印或导出文档组；可以方便地制作杂志、报纸和说明书，还可以排版包括目录、索引的书和字典等的长文档。

8.5.1　创建书籍

要创建书籍，可以执行"文件"|"新建"|"书籍"命令，在弹出的"新建书籍"对话框中设置创建书籍的位置，单击"保存"按钮，打开"书籍"面板，如图8-52所示。

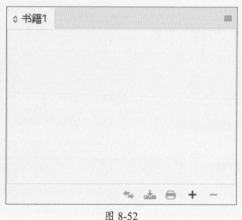

图 8-52

8.5.2　创建目录

在InDesign中，使用目录生成功能可以自动列出书籍、杂志或其他文档的标题列表、插入列表、表列表、参考书目等。每个目录都由标题与条目列表组成，包含页码的条目可直接从文档内容中提取，并可以随时更新，还可以跨越书籍中的多个文档进行操作。执行"版面"|"目录"命令，弹出"目录"对话框，如图8-53所示。

图 8-53

该对话框中主要选项的功能介绍如下。

● **条目样式**：对于"包含段落样式"中的每种样式，选择一种段落样式应用到相关联的目录条目。

● **页码**：若要创建用来设置页码格式的字符样式，可在"页码"右侧的"样式"下拉列表框中选择此样式。

● **条目与页码间**：设置在目录条目及其页码间现实的字符。默认值为^t，即让系统插入一个制表符。可以在弹出的列表中选择其他特殊字符。

● **按字母顺序对条目排序（仅为西文）**：选中此复选框，按字母顺序对选定样式中的目录条目进行排序。此复选框在创建简单列表（如广告商名单）时很有用。嵌套条目（2级或3级）在它们的组（分别是1级或2级）中按字母顺序排序。

- **级别：** 默认情况下，"包含段落样式"列表框中添加的每个项目比其直接上层项目低一级。可以通过为选定段落样式指定新的级别编号来更改这一层次。此选项仅调整对话框中的显示内容，对最终目录无效，按字母排序的列表除外。
- **创建PDF书签：** 勾选此复选框，在Adobe Acrobat或 Adobe Reader®的"书签"面板中显示目录条目。
- **接排：** 勾选此复选框，所有目录条目接排到某一个段落中。分号后跟一个空格可以将条目分隔开。
- **包含隐藏图层上的文本：** 在目录中包含隐藏图层上的段落时，才可以勾选此复选框。
- **编号的段落：** 若目录中包括使用编号的段落样式，可指定目录条目是包括整个段落（编号和文本）、只包括编号，还是只包括段落。
- **框架方向：** 指定要用于创建目录的文本框架的排版方向。

💬 **技巧点拨**

关于"包含隐藏图层上的文本"选项的使用说明：当创建其自身在文档中为不可见文本的广告商名单或插图列表时，此选项很有用。若已经使用若干图层存储同一文本的各种版本或译本，则取消选择此选项。

读 书 笔 记

自己练 / 设计与制作书签

案例路径 云盘\实例文件\第8章\自己练\设计与制作书签

项目背景 一家名为"留白画室"的绘画培训机构为了吸引更多顾客，特委托本公司为其设计一款宣传书签，免费发放给路人，从而起到宣传作用。

项目要求 ①选择油画为背景。

②书签正面放画室名称，背面放主要课程种类。

③设计规格为50mm×110mm。

项目分析 在"页面"面板中设置主页样式，回到页面输入文字，参考效果如图8-54和图8-55所示。

图 8-54

图 8-55

课时安排 2课时。

InDesign

第 **9** 章

制作画册内页
——对象库与超链接详解

本章概述

　　使用InDesign软件排版出版物时，其主要针对文字排版，而图片将起到辅助作用，本章将主要介绍InDesign的文字基本设置、对象库的应用，以及超链接的创建与管理。

要点难点

- 编辑文本　★★☆
- 对象库　★★☆
- 超链接　★☆☆

跟我学 设计与制作画册内页

> **学习目标** 本案例将制作画册内页，通过案例实操，熟练应用渐变，学会项目符号的添加设置，学会设置文字蒙版。
>
> **案例路径** 云盘＼实例文件＼第9章＼跟我学＼设计与制作画册内页

步骤 01 执行"文件"｜"新建"｜"文档"命令，在弹出的"新建文档"对话框中设置参数，如图9-1所示。

步骤 02 单击"边距和分栏"按钮，在弹出的"新建边距和分栏"对话框中设置参数，如图9-2所示。

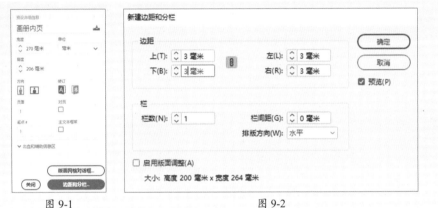

图 9-1   图 9-2

步骤 03 选择"矩形框架工具"绘制框架，执行"文件"｜"置入"命令，置入素材图像，并调整其大小，如图9-3所示。

步骤 04 选择"矩形工具"绘制矩形，选择"吸管工具"吸取沙发的颜色并进行填充，如图9-4所示。

图 9-3

图 9-4

步骤 05 选择 "矩形框架工具" 绘制框架，执行 "文件" | "置入" 命令置入素材图像，并调整其大小，如图9-5所示。

步骤 06 选择 "矩形工具" 绘制矩形，双击 "渐变色板工具"，在弹出的 "渐变" 面板中单击缩览图，更改其角度，如图9-6所示。

图 9-5

图 9-6

步骤 07 在 "渐变" 面板中分别单击色条下的滑块，按F6键，在弹出的 "颜色" 面板中设置参数，如图9-7、图9-8、图9-9所示。

图 9-7

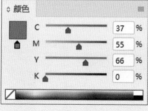

图 9-8

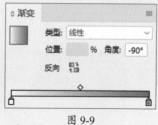

图 9-9

步骤 08 在控制面板中调整渐变矩形的大小，如图9-10所示。

步骤 09 选择 "矩形工具" 绘制矩形，选择 "吸管工具" 吸取沙发的颜色并进行填充，如图9-11所示。

图 9-10

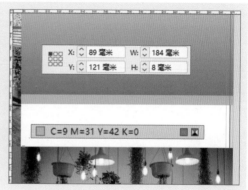

图 9-11

步骤10 选择"矩形工具"绘制矩形，选择"吸管工具"吸取右下角矩形的颜色并进行填充，如图9-12所示。

步骤11 框选两个矩形，按住Shift+Alt组合键向下垂直移动，更改其中一个颜色为白色，如图9-13所示。

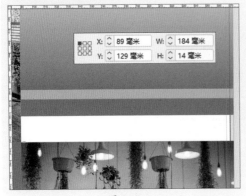
图 9-12

图 9-13

步骤12 选择"矩形框架工具"绘制框架，执行"文件"|"置入"命令置入素材图像，并调整其大小，如图9-14所示。

步骤13 在控制面板中设置填充颜色为白色，按住Alt键的同时单击 ⊞ 按钮，设置转角为7毫米的圆角，如图9-15所示。

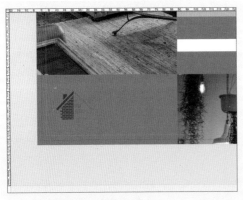
图 9-14

图 9-15

知识链接　　　除了在控制面板中设置转角值，也可以单击框架中的黄色控制点编辑转角，按住Shift键将左下和右下的锚点向内拖动。

步骤14 选择"文字工具"拖动绘制文本框并输入文字，按Ctrl+T组合键，在弹出的"字符"面板中设置参数，如图9-16、图9-17所示。

图 9-16

图 9-17

步骤 15 选择"文字工具"拖动绘制文本框并输入文字，在控制面板中设置参数，如图9-18所示。

步骤 16 选择"文字工具"拖动绘制文本框并输入文字，在控制面板中设置参数，如图9-19所示。

图 9-18

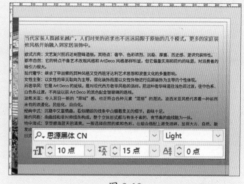

图 9-19

步骤 17 按Ctrl+Alt+T组合键，单击"段落"面板中的菜单按钮，在弹出的菜单中选择"项目符号与编号"选项，在打开的对话框中设置参数，如图9-20、图9-21所示。

图 9-20

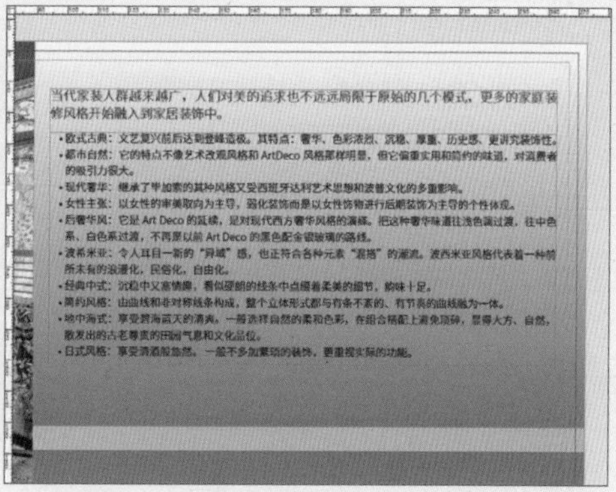

图 9-21

步骤 18 调整文本框位置和宽度，如图9-22所示。

步骤 19 选择"文字工具"拖动绘制文本框并输入文字，在控制面板中设置参数，如图9-23所示。

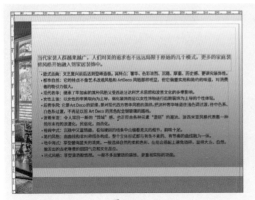

图 9-22　　　　　　　　　　　　　　图 9-23

步骤 20 选中文字，执行"文字"|"创建轮廓"命令，如图9-24所示。

步骤 21 执行"文件"|"置入"命令，置入素材图像并调整其大小，使其和文字居中对齐，如图9-25所示。

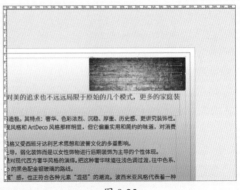

图 9-24　　　　　　　　　　　　　　图 9-25

步骤 22 执行"文字"|"对象和版面"|"路径查找器"命令，在弹出的面板中单击"交叉"按钮，如图9-26所示。

图 9-26

步骤 23 选择"直线工具",按住Shift
键绘制水平直线,在控制面板中设置参数
(颜色为Logo中的深灰色),如图9-27
所示。

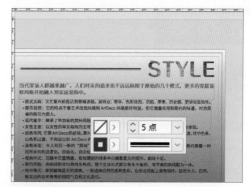

图 9-27

步骤 24 选择"文字工具"拖动绘制文本框并输入文字,在"字符"面板中设置参数,如图9-28、图9-29所示。

图 9-28

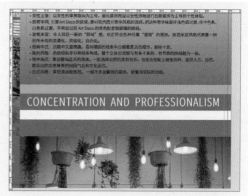

图 9-29

步骤 25 选择文本框,按住Shift+Alt组合键向下垂直移动复制,更改文字并调整文字大小、文本框大小以及位置,如图9-30所示。

步骤 26 最终效果如图9-31所示。

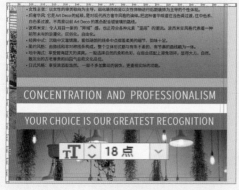

图 9-30

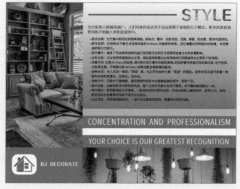

图 9-31

至此,完成画册内页的制作。

听我讲 ► Listen to me

9.1 编辑文本

在InDesign中，可以自由地对文本进行选择，编辑或插入空格、特殊字符、分隔符号、占位符文本，使用编辑器设置文本等。

9.1.1 选择文本

选择"文字工具"，在文本框中单击建立一个插入点并拖动鼠标，光标经过位置的字符、单词或文本块就会被选中。

将光标放在文本中任意位置，双击鼠标将会选中包含该字符的整句文字，如图9-32所示；单击3次选中文字所在的整排文字，如图9-33所示；单击5次则会全选整个文本。

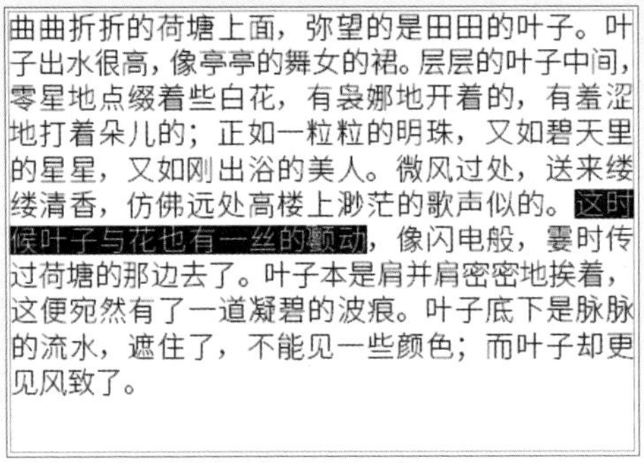

曲曲折折的荷塘上面，弥望的是田田的叶子。叶子出水很高，像亭亭的舞女的裙。层层的叶子中间，零星地点缀着些白花，有袅娜地开着的，有羞涩地打着朵儿的；正如一粒粒的明珠，又如碧天里的星星，又如刚出浴的美人。微风过处，送来缕缕清香，仿佛远处高楼上渺茫的歌声似的。这时候叶子与花也有一丝的颤动，像闪电般，霎时传过荷塘的那边去了。叶子本是肩并肩密密地挨着，这便宛然有了一道凝碧的波痕。叶子底下是脉脉的流水，遮住了，不能见一些颜色；而叶子却更见风致了。

图 9-32

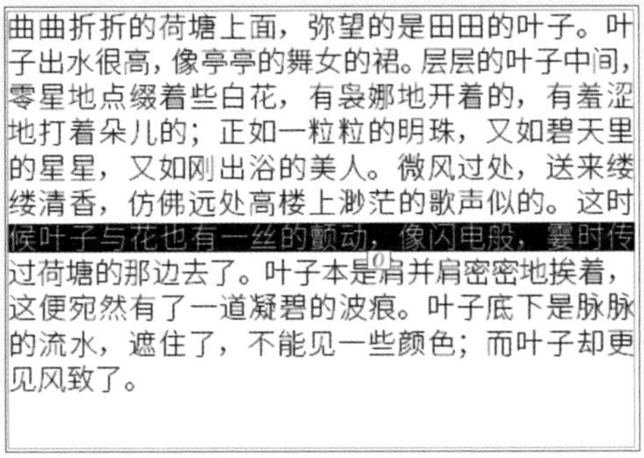

曲曲折折的荷塘上面，弥望的是田田的叶子。叶子出水很高，像亭亭的舞女的裙。层层的叶子中间，零星地点缀着些白花，有袅娜地开着的，有羞涩地打着朵儿的；正如一粒粒的明珠，又如碧天里的星星，又如刚出浴的美人。微风过处，送来缕缕清香，仿佛远处高楼上渺茫的歌声似的。这时候叶子与花也有一丝的颤动，像闪电般，霎时传过荷塘的那边去了。叶子本是肩并肩密密地挨着，这便宛然有了一道凝碧的波痕。叶子底下是脉脉的流水，遮住了，不能见一些颜色；而叶子却更见风致了。

图 9-33

9.1.2 更改文本排版方向

通常，文本的排版方向包括水平和垂直。在输入文本后，执行"文字"|"排版方向"|"水平"（或"垂直"）命令，即可更改文本排版方向，如图9-34所示。

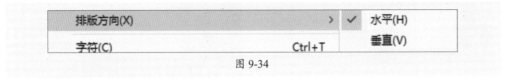

图 9-34

9.1.3 调整路径文字

路径文字即指可以沿着任意形状的边缘进行排列的方式。选择"钢笔工具"绘制路径，选择"路径文字工具" ，将光标移动到图形边缘，待光标变为带有加号的形状后单击，输入文字即可，如图9-35、图9-36所示。

图 9-35   图 9-36

执行"文字"|"路径文字"|"选项"命令，在弹出的对话框中可以调整路径文字的效果、对齐方式等属性，如图9-37所示。

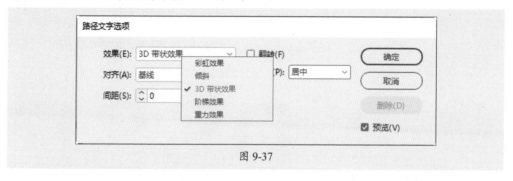

图 9-37

如图9-38、图9-39所示分别是应用"3D带状效果"和"阶梯效果"的效果。

图 9-38   图 9-39

9.1.4　文本转化路径

选择"文字工具"输入并选中文字，执行"文字"|"创建轮廓"命令，在工具箱中选择"直接选择工具"，单击文本便可看到文字的路径外框，如图9-40所示。选择"钢笔工具"，可对文字的各个锚点进行自由调整。

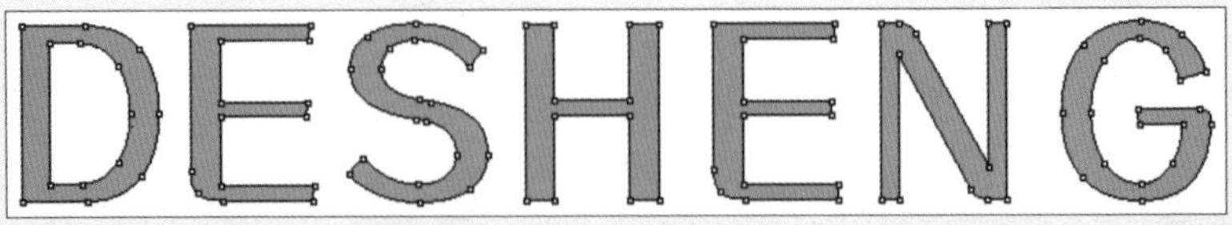

DESHENG

图 9-40

9.1.5 设置文字颜色

在InDesign中，可以通过"颜色"面板设置文字的颜色，可以通过"渐变"面板设置文字的渐变色。

1. 设置纯色字符

使用"文字工具"选中所要变换颜色的文字，在"格式针对文本" T 状态下双击"填色"工具，进入到"拾色器"对话框，以对字体颜色进行设置，如图9-41所示。或执行"窗口"|"颜色"命令，在弹出的"颜色"面板中进行设置，如图9-42所示，填色效果如图9-43所示。

图 9-41　　　　图 9-42　　　　　　　图 9-43

2. 设置渐变色字符

若要将字符设置为渐变色，有以下三种方法。

- 选中文字，在工具箱中单击"应用渐变"按钮，默认填充为黑白渐变，如图9-44所示；
- 在工具箱中双击"渐变色板工具" ▨，在弹出的"渐变"面板中单击渐变缩览图，如图9-45、图9-46所示；
- 执行"窗口"|"渐变"命令，在弹出的"渐变"面板中进行设置。

图 9-44　　　　图 9-45　　　　　　　图 9-46

在"渐变"面板中单击"类型"下拉列表框可选择线性渐变或径向渐变，单击色条下方的滑块，可在"颜色"面板中进行颜色设置，如图9-47、图9-48、图9-49所示。将滑块拖动到面板之外，可删除此颜色；在色条下方两个滑块之间任何地方单击，可添加一个新的颜色滑块。

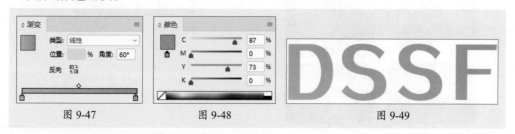

<table>
<tr><td>图 9-47</td><td>图 9-48</td><td>图 9-49</td></tr>
</table>

9.2 对象库

　　对象库可以将文档中一个或多个对象以单独文件形式进行存储，并且可以方便地在其他文档中使用这些对象。对象库可以是图形、文本、页面，也可以向库中添加参考线、网格、绘制的形状以及编组图像。

　　创建的对象库，可指定其存储位置，其存储格式为.indd。库在打开后将显示为面板形式，可以与任何其他面板编组，对象库的文件名显示在它的面板选项卡中。

9.2.1 创建对象库

　　执行"文件"|"新建"|"库"命令，在打开的提示对话框中单击"否"按钮，如图9-50所示。打开"新建库"对话框，选择新建库的存储位置和文件名，单击"确定"按钮，新建的"库"面板如图9-51所示。

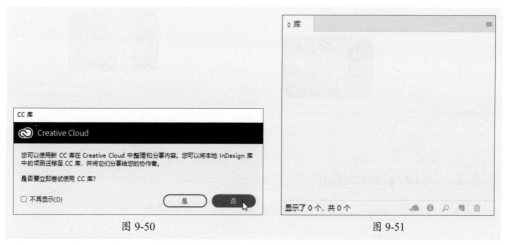

<table>
<tr><td>图 9-50</td><td>图 9-51</td></tr>
</table>

　　选择页面上的图片，单击"库"面板底部的"新建库项目"按钮，或直接拖动图片至面板中，所选择的图片便添加到了"库"面板中，如图9-52、图9-53所示。

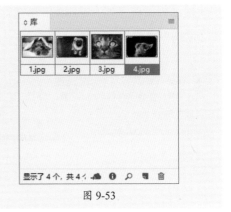

图 9-52　　　　　　　　　　　　　　　　图 9-53

9.2.2　应用对象库

若要将存储在对象库中的对象置入到文档中，有三种方式：

● 单击"库"面板右上角的菜单按钮，在弹出的菜单中选择"置入项目"选项；

● 选中目标库项目，右击鼠标，在弹出的快捷菜单中选择"置入项目"选项；

● 直接将库项目拖动到文档页面中。

前两个操作置入的项目，出现在创建时的位置，如图9-54所示；直接拖动置入的对象可出现在任意位置，如图9-55所示。

图 9-54　　　　　　　　　　　　　　　　图 9-55

9.2.3　管理库中的对象

库中已经存在的对象，可以对其进行显示、修改、删除的操作。

1.显示或修改库项目信息

在"库"面板中双击图像，在弹出的"项目信息"对话框中可以更改项目信息，用同样的方法可以加入其他的对象库，如图9-56、图9-57所示。

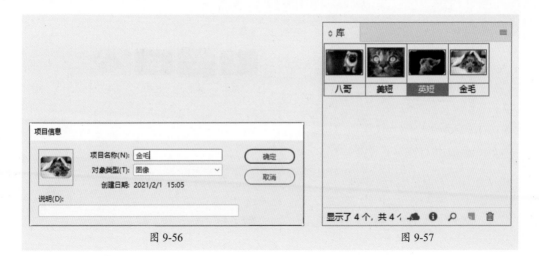

| 图 9-56 | 图 9-57 |

2. 显示库子集

若"库"面板中含有大量对象，可以使用"显示子集"选项来快速查找指定对象。单击"库"面板底部的"显示库子集"按钮 ，或单击"库"面板中的菜单按钮，在弹出的菜单中选择"显示子集"选项，弹出"显示子集"对话框，如图9-58所示。

图 9-58

该对话框中主要选项的功能介绍如下。

● **搜索整个库**：选中该单选按钮，搜索整个库里的项目。

● **搜索当前显示的项目**：选中该单选按钮，仅在当前列出的对象中搜索。

● **参数**：在第一个下拉列表框中选择一个类别；在第二个下拉列表框中指定搜索中必须包含还是排除选择的类别；在最右侧输入要在指定类别中搜索的单词或短语。

● **更多选择**：每单击一次该按钮，添加一个搜索项，最多单击5次。

● **较少选择**：若要删除搜索条件，单击该按钮。每单击一次，删除一个搜索项。

查找到指定对象时，系统会自动隐藏其他对象，如图9-59所示。若要再次显示所有对象，只需单击"库"面板中的菜单按钮，在弹出的菜单中选择"显示全部"选项即可，如图9-60所示。

图 9-59

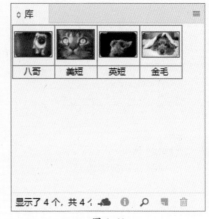
图 9-60

3. 删除库项目

选择库项目后，若要对其进行删除操作，有以下三种方法：

● 单击"库"面板底部的"删除库项目"按钮；

● 将其拖动至"库"面板底部的"删除库项目"按钮上；

● 单击"库"面板右上角的菜单按钮，在弹出的菜单中选择"删除项目"选项。

进行以上操作后都会弹出提示对话框，单击"是"按钮即可删除库项目，如图9-61所示。

图 9-61

9.3 超链接

超链接是用来完成不同页面之间、不同文档之间跳转的。InDesign中超链接的创建包括超链接源的创建和超链接目标的创建。超链接源指的是超链接文本、超链接文本框架或超链接图形框架；超链接目标指的是超链接跳转到的URL、文本中的位置或页面。

9.3.1 创建超链接

InDesign可以创建指向页面、URL、文本锚点、电子邮件和文件的超链接。创建指向其他文档中某个页面或文本锚点的超链接，需确保导出文件出现在同一文件中。

在此以链接文本为例进行介绍。使用"文字工具"选择要超链接的文本，执行"窗口"|"交互"|"超链接"命令，弹出"超链接"面板，如图9-62所示。单击"超链接"面板中的"创建新的超链接"按钮 ▤，弹出"新建超链接"对话框，如图9-63所示。

图 9-62   图 9-63

若在"链接到"下拉列表中选择"页面"，则创建页面目标时，可以指定跳转到的页面的缩放设置。

（1）"目标"选项区域

此处主要用来设置超链接目标的各项属性，其中主要选项的功能介绍如下。

● **文档**：设置超链接目标所在的文档。该文件既可以是当前文档，也可以是其他文档。

● **页面**：当"链接到"选项中选择的是"页面"的时候，可以在此指定要跳转到的页码。

● **缩放设置**：设置目标显示的窗口方式。

➤ "固定"为显示在创建超链接时使用的放大级别和页面位置；

➤ "适合视图"为将当前页面的可见部分显示为目标；

➤ "适合窗口大小"为在目标窗口中显示当前页面；

➤ "适合宽度"为在目标窗口中显示当前页面的宽度；

➤ "适合高度"为在目标窗口中显示当前页面的高度；

➤ "适合可见"为以目标的文本和图形适合窗口宽度，通常意味着不显示边距；

➤ "承前缩放"为按照单击超链接时使用的放大级别来显示窗口。

（2）"PDF外观"选项区域

此处主要用来设置超链接源的外观。超链接源可以是文本，也可以是图片。可以给超链接源设置与其他文字或图片不同的外观样式，达到醒目的效果，方便查找和使用。

"类型"选项用来设置外观显示与否。该下拉列表框中包括"可见矩形"与"不可见矩形"选项。若在"类型"选项中选择"可见矩形",将激活以下选项。

- **突出**：设置矩形外框显示的方式,包括"无""反转""轮廓""内陷"4个选项。
- **颜色**：设置显示的颜色,选择其中的"自定"选项后,可弹出"颜色"对话框,在"颜色"对话框中可以任意设置需要的颜色。
- **宽度**：设置矩形外框的粗细,其中包括"细""中""粗"3个选项。
- **样式**：设置矩形外框的外观,其中包括"实底""虚线"两个选项。

创建超链接后的文本,在"超链接"面板中单击"单击以转到目标"按钮 ■,即转到目标页面,如图9-64、图9-65所示。

图 9-64

图 9-65

若以网址作为超链接目标,可以在"新建超链接"对话框"链接到"选项中选择URL,在"目标"选项组的URL文本框中输入目标网址。

9.3.2 管理超链接

对于创建好的超链接,可以执行相应的操作对其进行更改和管理,如可以编辑超链接、重命名超链接和删除超链接。

1. 编辑超链接

若要更改超链接内容,只需双击要编辑的项目,在弹出的"编辑超链接"对话框更改参数。

2. 重命名超链接

选择要编辑的项目,单击"超链接"面板右上角的菜单按钮,在弹出的菜单中选择"重命名超链接"选项,在打开的界面中设置参数,如图9-66、图9-67所示。

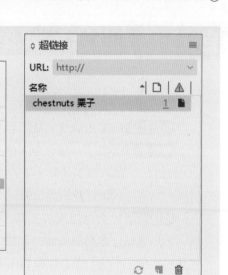

图 9-66   图 9-67

③ 删除超链接

　　选择要删除的一个或多个超链接，单击"超链接"面板底部的"删除所选超链接"
按钮 🗑，则可删除超链接。移去超链接时，源文本或图形仍然保留。

自己练 / 设计与制作光盘套

案例路径 云盘＼实例文件＼第9章＼自己练＼设计与制作光盘套

项目背景 应某出版社委托，将为其设计制作图书配套光盘的盘套。

项目要求 ①以Logo颜色为主色。

②版式轻松化，光盘与盘套设计要相互呼应。

③设计规格为210mm×210mm。

项目分析 此案例使用的工具多为椭圆工具和矩形工具，先设计好光盘的版面，之后再设计盘套的版面。光盘的版式与盘盒的版式一致，并注意盘套尺寸比光盘尺寸稍大一些。参考效果如图9-68所示。

图 9-68

课时安排 2课时。

步骤 05 选择"文字工具"拖动绘制文本框并输入文字，在控制面板中设置参数，如图10-5所示。

步骤 06 选择"文字工具"拖动绘制文本框并输入文字，在控制面板中设置参数，如图10-6所示。

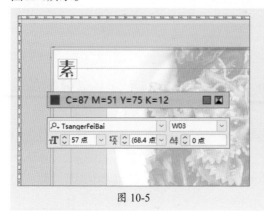

图 10-5　　　　　　　　　　　　　　　　图 10-6

步骤 07 选中矩形，执行"文件"|"置入"命令，置入素材图像，单击控制面板中的"按比例填充框架"按钮▨，如图10-7所示。

步骤 08 使用"选择工具"调整矩形框架的高度，如图10-8所示。

图 10-7　　　　　　　　　　　　　　　　图 10-8

步骤 09 选择"直线工具"，按住Shift键绘制垂直直线，在控制面板中设置参数，如图10-9所示。

图 10-9

步骤10 选择"矩形工具"绘制矩形并填充颜色，在控制面板中设置参数，如图10-10所示。

图 10-10

步骤11 选择"文字工具"拖动绘制文本框并输入文字，在控制面板中设置参数，如图10-11所示。

步骤12 选择"文字工具"拖动绘制文本框并输入文字，在控制面板中设置参数，如图10-12所示。

图 10-11

图 10-12

步骤13 按住Shift+Alt组合键垂直向下移动复制文字，按Ctrl+Shift+Alt+D组合键连续复制文字，如图10-13所示。

步骤14 选择"文字工具"更改文字，如图10-14所示。

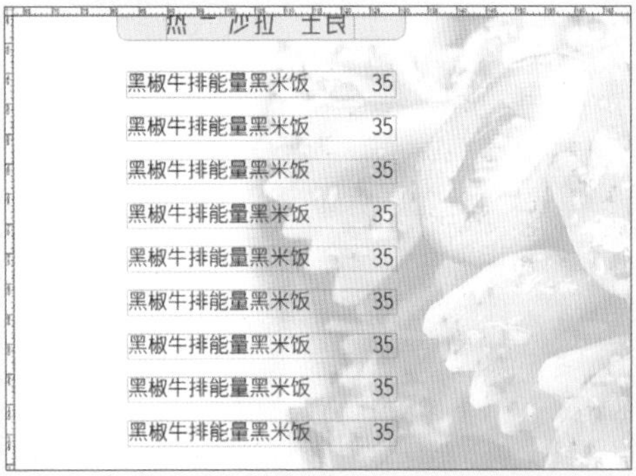

图 10-13

图 10-14

步骤 15 框选文本框，按住Shift+Alt组合键垂直向下移动复制文字，如图10-15所示。

步骤 16 选择"文字工具"更改文字，如图10-16所示。

图 10-15   图 10-16

步骤 17 按住Shift+Alt组合键垂直向下移动复制文字，按Ctrl+Shift+Alt+D组合键连续复制文字，如图10-17所示。

步骤 18 选择"文字工具"更改文字，如图10-18所示。

图 10-17   图 10-18

至此，完成餐厅菜单的制作。

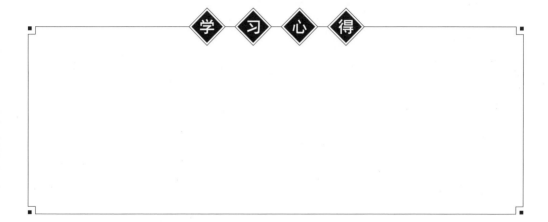

学 习 心 得

听 我 讲 ▶ Listen to me

10.1 打印设置

创建文档后，最终需要输出，不管是为外部服务提供商提供彩色的文档，还是只将文档的快速草图发送到喷墨打印机或激光打印机，了解并掌握基本的打印知识将会使打印更加顺利进行，并有助于确保文档的最终效果与预期效果一致。

10.1.1 印前检查

在打印文档之前需要对打印文档中的文字、图片进行基本检查，确认无误才可打印，在状态栏中可查看文档中是否存在错误，单击"印前检查菜单"下拉按钮可设置是否启用印前检查，如图10-19所示。勾选"印前检查面板"选项，可以查看文档内哪部分内容存在错误，如图10-20所示。

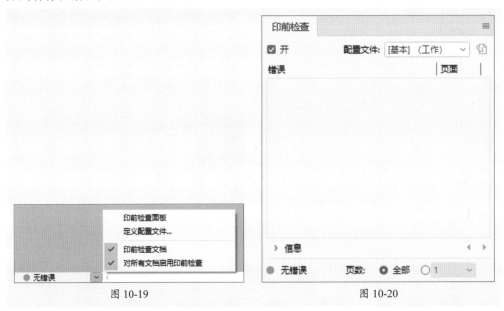

图 10-19   图 10-20

10.1.2 常规设置

执行"文件"|"打印"命令或按Ctrl+P组合键，弹出"打印"对话框，其中包括常规、设置、标记和出血、输出、图形、颜色管理、高级、小结8个属性，如图10-21所示。

"常规"选项设置即对打印的份数、打印范围进行设置。

图 10-21

在"常规"设置中主要选项的功能介绍如下。

- **份数**：在下拉列表中选择要打印的份数。若勾选"逐份打印"复选框，将逐份打印内容；若勾选"逆页序打印"复选框，将从后到前打印文档。
- **页码**：若选中"全部"单选按钮，将打印全部页面；或选中"范围"单选按钮，在右侧的"范围"文本框中，设置要打印的页面。
- **打印范围**：在下拉列表中，可以选择要打印的范围为全部页面、偶数页面或奇数页面。选中"跨页"单选按钮，将打印跨页，否则将打印单个页面；若选中"打印主页"单选按钮，将只打印主页，否则将打印所有页面。
- **选项**：通过勾选复选框，可以实现在打印时打印非打印对象、空白页面或可见的参考线与基线网络。

10.1.3 页面设置

在"打印"对话框中，选择左侧列表中的"设置"选项，可以对纸张大小、页面方向、缩放图稿以及指定拼贴选项进行设置，如图10-22所示。

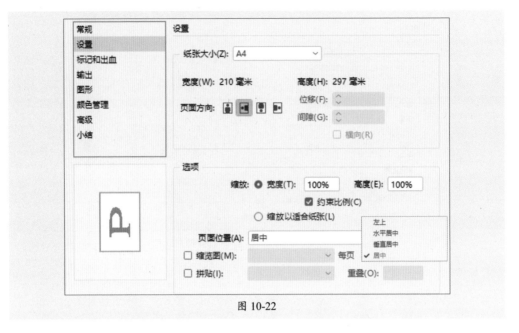

图 10-22

在"设置"中主要选项的功能介绍如下。

● **纸张大小**：在下拉列表中，选择一种纸张大小，如A4。

● **页面方向** ⊞⊞⊟⊞：可单击对应按钮，设置页面方向为纵向、反向纵向、横排或反向横排。

● **缩放**：设置缩放的宽度与高度的比例，若选中"缩放以适合纸张"单选按钮，将缩放图形以适合纸张。

● **页面位置**：在下拉列表中，可以设置打印位置为左上、水平居中、垂直居中或居中。

若勾选"缩览图"复选框，可以在页面中打印多页，如1×2、2×2、4×4等，如图10-23、图10-24所示为1×2和4×4效果图。若勾选"拼贴"复选框，可将超大尺寸的文档分成一个或多个页面对应进行拼贴，在其右侧下拉列表中，若选择"自动拼贴"选项，可以设置重叠宽度；若选择"手动拼贴"选项，可以手动组合拼贴。

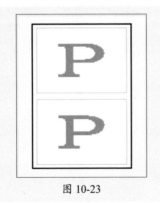

图 10-23

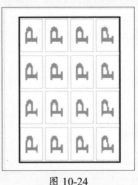

图 10-24

10.1.4　标记和出血设置

在"打印"对话框中，选择左侧列表中的"标记和出血"选项，可添加一些标记以帮助在生成样稿时确定在何处裁切纸张及套准分色片，或测量胶片以得到正确的校准数据及网点密布等，如图10-25所示。

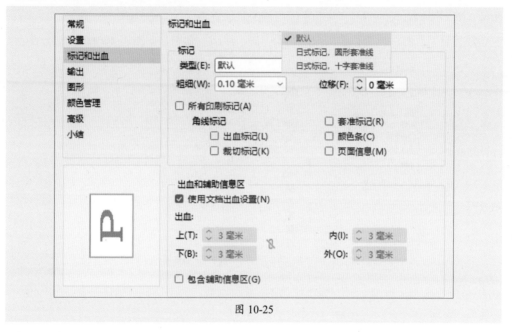

图 10-25

1. 标记

在"标记"选项区域的"类型"下拉列表中，可以选择标记类型为"默认"或"日式标记"后，在"粗细"下拉列表中选择标记宽度；只有选择"默认"标记，才可以在"位移"下拉列表中选择标记距页面边缘的宽度。

若选择"所有印刷标记"复选框，将打印所有标记，否则可以选择要打印的标记，如裁切标记、套准标记、页面信息、颜色条或出血标记。

2. 出血和辅助信息区

在"出血和辅助信息区"选项区域中，若勾选"使用文档出血设置"复选框，将使用文档中的出血设置，否则可在"上""下""内""外"文本框中设置出血参数。

> **知识链接**
>
> 若要打印对页的双面文档，可在"上""下""内""外"列表框中设置出血。若勾选"包含辅助信息区"复选框，可以打印在"文档设置"对话框中定义的辅助信息区域。

10.1.5　输出设置

在输出设置中，可以确定如何将文档中的复合颜色发送到打印机。启用颜色管理时，颜色设置默认值将使输出颜色得到校准。颜色转换中的专色信息将保留；只有印刷色将根据指定的颜色空间转换为等效值。复合模式仅影响使用InDesign创建的对象和栅格化图像，而不影响置入的图形，除非它们与透明对象重叠。

在"打印"对话框中，单击左侧列表中的"输出"选项，如图10-26所示。

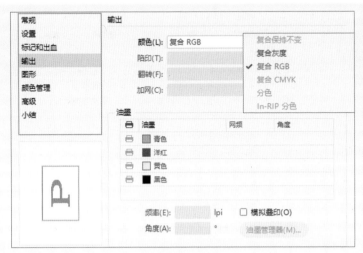

图 10-26

在"颜色"下拉列表中主要选项的功能介绍如下。

- **复合保持不变**：将指定页面的全彩色版本发送到打印机，选择该选项，禁用模拟叠印。
- **复合灰度**：将灰度版本的指定页面发送到打印机，例如，在不进行分色的情况下打印到单色打印机。
- **复合RGB**：将彩色版本的指定页面发送到打印机，例如，在不进行分色的情况下打印到RGB彩色打印机。
- **复合CMYK**：将彩色版本的指定页面发送到打印机；例如，在不进行分色的情况下打印到CMYK彩色打印机，该选项只用于PostScript打印机。
- **分色**：若勾选该选项，在"陷印"下拉列表中选择"应用程序内建"选项，将使用InDesign中自带的陷印引擎。
- **In-RIP分色**：若选择该选项，将使用Adobe In-RIP陷印；若选择"关闭"选项，将不使用陷印。

知识链接　　若勾选"文本为黑色"复选框，创建的文本将全部打印成黑色，文本颜色为"无"、纸色或与白色的颜色值相等；若勾选"负片"复选框，可直接打印负片。

10.1.6 图形设置

在"打印"对话框中，单击左侧列表中的"图形"选项，可以对图像、字体、PostScript文件、数据格式选项进行设置，如图10-27所示。

图 10-27

10.1.7 颜色管理设置

打印颜色管理文档时，可指定其他颜色管理选项以保证打印机输入中的颜色一致。可以将文档的颜色转换为台式打印机的色彩空间，使用打印机的配置文件代替当前文档的配置文件。若使用PostScript打印机，可以选择使用PostScript颜色管理选项，以便进行与设置无关的输入。

在"打印"对话框中，单击左侧列表中的"颜色管理"选项，如图10-28所示。

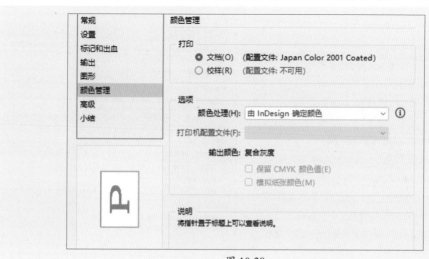

图 10-28

在"打印"选项区域中，若选中"文档"单选按钮，可直接打印文档，否则将打印硬校样。

在"颜色处理"下拉列表中，选择"由InDesign确定颜色"选项。若有可用输出设备的配置文件，则可在"打印机配置文件"下拉列表中选择输出设备的配置文件。

若勾选"保留CMYK颜色值"或"保留RGB颜色值"复选框，则将颜色值直接发送到输出设备。该选项适合在没有颜色配置文件的情况下处理颜色以及相关联的颜色。

若勾选"模拟纸张颜色"复选框，则将按照文档配置文件的定义模拟由打印机介质显示的纸色。

💬 技巧点拨

将光标移动到标题上时，在说明框中将显示该标题的功能与操作说明。

10.2 PDF文档的输出

在InDesign中，可以在版面中的任意位置导入任何PDF，它支持PDF图层导入，还可以以多种方式创建与制作交互式PDF，文件既能印刷出版，又能在Web上发布和浏览，或像电子书一般阅读，使用十分广泛。

10.2.1 PDF预设

执行"文件" | "Adobe PDF预设" | "定义"命令，打开"Adobe PDF预设"对话框，如图10-29所示。在"Adobe PDF预设"对话框中进行"预设"选项的设置，选择之后单击"完成"按钮。

知识链接 在InDesign中提供了几组默认的Adobe PDF设置，包括高质量打印、印刷质量、最小文件大小、PDF/X-1a:2001、PDF/X-3:2002、PDF/X-3:2008与MAGAZINE AD 2006。

PDF/X是图形内容交换的ISO标准，可以消除导致出现打印问题的许多颜色、字体和陷印变量。在InDesign中，对于CMYK工作流程，支持PDF/X1a:2001与PDF/X1a:2003，对于颜色管理工作流程，支持PDF/X3:2002与PDF/X3:2003。

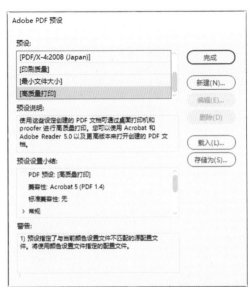

图 10-29

10.2.2 导出为PDF文档

在InDesign中，可以方便地将文档或书籍导出为PDF。也可以根据需要对其进行自定预设，并快速应用到Adobe PDF文件中。在生成Adobe PDF文件时，可以保留超链接、目录、索引、书签等导航元素，也可以包含交互式功能，如超链接、书签、媒体剪贴与按钮。交互式PDF适合制作电子或网络出版物，包括网页。

要将文档或书籍导出为PDF，执行"文件"|"导出"命令，弹出"导出"对话框，在"保存类型"下拉列表框中选择"Adobe PDF（打印）"，如图10-30所示。

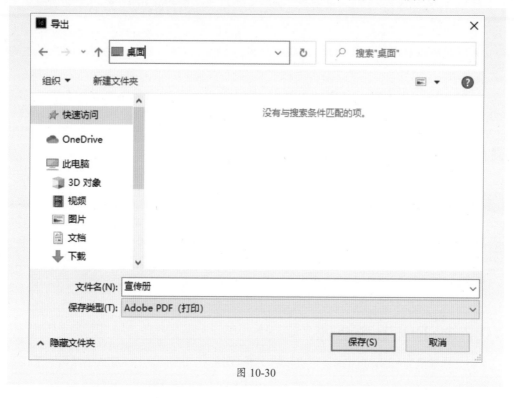

图 10-30

10.2.3 PDF常规选项

在"导出Adobe PDF"对话框中，选择左侧列表中的"常规"选项，将显示"常规"选项设置界面。

1. 页面

在"页面"选项区域中，若选中"跨页"单选按钮，将打印跨页，否则将打印单个页面；若选中"全部"单选按钮，将打印全部页面；若选中"范围"单选按钮，在其右侧的文本框中可设置要打印的页面。

2. 选项

在"选项"选项区域中主要选项的功能介绍如下。

- **嵌入页面缩览图：** 勾选此复选框，可为要导出的每页创建缩略图预览，但添加缩略图将增大PDF文件。
- **优化快速Web查看：** 勾选此复选框，可重新组织文件以使用一次一页下载，减小PDF文件，并优化PDF。
- **创建带标签的PDF：** 勾选此复选框，在生成PDF时，可在文章中自动标记元素，包括段落识别、基本文本格式、列表和表格。导出到PDF前，可以在文档中插入并调整这些标签。
- **导出后查看PDF：** 勾选此复选框，将使用默认的应用程序，打开并浏览新建的PDF。
- **创建Acrobat图层：** 勾选此复选框，在PDF文档中，将每个InDesign图层（包括隐藏图层）储存为Acrobat图层。

3. 包含

在"包含"选项区域中，可以设置在PDF中包含书签、超链接、可见参考线和基线网格、非打印对象或交互式元素。

> **知识链接** 若文档中包含影片或按钮，在"包含"选项区域"多媒体"下拉列表中选择"适用对象设置"选项，可设置嵌入影片和声音；若选择"连接全部"选项，将连接文档中的声音与影片片段；若选择"嵌入全部"选项，将嵌入文档中的声音与影片片段。

10.2.4 PDF压缩选项

将文档导出为Adobe PDF时，可以压缩文本，并对位图图像进行压缩或缩减像素采样，根据压缩和缩减像素采样设置，可以明显减小PDF文件，且不影响细节和精度。

在"导出Adobe PDF"对话框中选择左侧列表中的"压缩"选项，如图10-31所示。可以在"彩色图像""灰度图像"或"单色图像"选项区域中，设置以下相同选项。

1. "插值方法"的选择

- **不缩减像素采样：** 若选择此选项将不缩减像素采样；
- **平均缩减像素采样：** 若选择此选项将计算样例区域中的像素平均数，并使用平均分辨率的平均像素颜色替换整个区域；
- **次像素采样：** 若选择此选项将选择样本区域中心的像素，并使用该像素颜色替换整个区域；
- **双立方缩减像素采样至：** 若选择此选项将使用加权平均数确定像素颜色。双立方缩减像素采样速度最慢，但是效果最精确，并可产生最平滑的色调渐变。

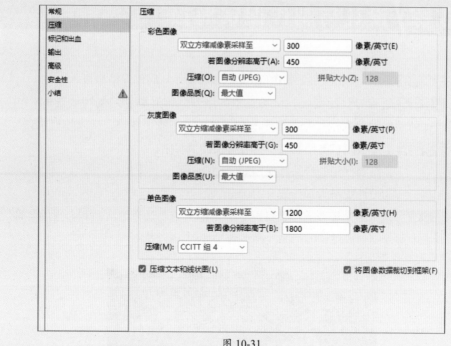

图 10-31

② 压缩

- **JPEG**：此选项将适合灰度图像或彩色图像。JPEG压缩为有损压缩，这表示将删除图像数据并可能降低图像品质，但压缩文件比ZIP压缩获得的文件小得多。
- **ZIP**：此选项适用于具有单一颜色或重复图案的图像，ZIP压缩是无损压缩还是有损压缩取决于图像品质设置。
- **自动（JPEG）**：该选项只适用于单色位图图像，以对多数单色图像生成更好的压缩。

知识链接

　　若勾选"压缩文本和线状图"复选框，将纯平压缩（类似于图像的ZIP压缩）应用到文档中的所有文本和线状图，不损失细节或品质。若勾选"将图像数据裁切到框架"复选框，将导出位于框架可视区域中的图像数据，这可能会缩小文件。

　读　书　笔　记

自己练 / 设计与制作促销海报

案例路径 云盘 \ 实例文件 \ 第10章 \ 跟我学 \ 设计与制作促销海报

项目背景 随着时代的发展，市场竞争的激烈，德胜购物广场特委托本公司为其设计商超促销海报，宣传促销产品和优惠活动，吸引客户，提高销售额。

项目要求 ①海报颜色鲜艳明亮，具有喜庆的节日感；

②需要促销的产品和促销的活动介绍要一目了然；

③设计规格为297mm×210mm。

项目分析 颜色采用经典的红黄搭配，上半部分主要是介绍活动和海报的装饰设计，下半部分则摆放促销的产品。参考效果如图10-32所示。

图 10-32

课时安排 2课时。

参 考 文 献

[1] 姜洪侠，张楠楠 . Photoshop CC 图形图像处理标准教程 [M]. 北京：人民邮电出版社，2016.

[2] 周建国 . Photoshop CS6 图形图像处理标准教程 [M]. 北京：人民邮电出版社，2016.

[3] 孔翠，杨东宇，朱兆曦 . 平面设计制作标准教程 Photoshop CC+Illustrator CC [M]. 北京：人民邮电出版社，2016.

[4] 沿铭洋，聂清彬 . Illustrator CC 平面设计标准教程 [M]. 北京：人民邮电出版社，2016.

[5] Adobe公司 . Adobe InDesign CC 经典教程 [M]. 北京：人民邮电出版社，2014.